全极化合成孔径雷达图像
处理模型及方法

石俊飞 著

電子工業出版社
Publishing House of Electronics Industry
北京·BEIJING

内 容 简 介

极化合成孔径雷达图像分类是遥感图像处理的关键。现有的高分辨极化合成孔径雷达图像分类方法存在多通道数据结构复杂、异质地物判别特征提取困难等问题。针对上述问题，本书构建了基于视觉认知驱动的一系列极化合成孔径雷达图像分类模型和方法。主要内容包括：构建新的边线检测模型，有效检测异质地物内部结构和弱边界；建立极化合成孔径雷达图像视觉层次认知表征，实现极化合成孔径雷达图像复杂场景的语义划分；建立基于视觉层次语义模型和极化特性的极化合成孔径雷达图像地物分类方法；建立基于素描图和自适应马尔可夫随机场的极化合成孔径雷达图像分类算法，自适应学习同/异质地物判别特征和精确边界信息；本书探索了视觉认知和数据联合驱动的极化合成孔径雷达图像分类新模型和新方法，实现极化合成孔径雷达图像复杂场景的多地物精准分类，为极化合成孔径雷达图像解译和目标识别提供新思路。

本书既可以作为高等院校计算机科学与技术、人工智能等专业的研究生教材，也可作为相关领域技术人员的参考用书。

未经许可，不得以任何方式复制或抄袭本书之部分或全部内容。
版权所有，侵权必究。

图书在版编目（CIP）数据

全极化合成孔径雷达图像处理模型及方法/石俊飞著. —北京：电子工业出版社，2021.9
ISBN 978-7-121-42096-2

I. ①全… II. ①石… III. ①合成孔径雷达－图像处理－研究 IV. ①TN958

中国版本图书馆 CIP 数据核字(2021)第 195404 号

责任编辑：孟　宇
印　　刷：涿州市般润文化传播有限公司
装　　订：涿州市般润文化传播有限公司
出版发行：电子工业出版社
　　　　　北京市海淀区万寿路 173 信箱　　　　　　　　　　邮编：100036
开　　本：720×1000　1/16　　印张：10　　字数：213 千字　　彩插：3
版　　次：2021 年 9 月第 1 版
印　　次：2021 年 9 月第 1 次印刷
定　　价：79.00 元

凡所购买电子工业出版社图书有缺损问题，请向购买书店调换。若书店售缺，请与本社发行部联系，联系及邮购电话：（010）88254888，88258888。
质量投诉请发邮件至 zlts@phei.com.cn，盗版侵权举报请发邮件至 dbqq@phei.com.cn。
本书咨询联系方式：（010）88254527。

前　言

极化合成孔径雷达（PolSAR）图像的地物分类是图像处理的主要任务，是图像理解和解译的前提。相比于传统的合成孔径雷达（SAR）图像，极化 SAR 图像含有更加丰富的地物信息，是多参数、多通道的成像雷达系统。然而，对于异质结构区域，由于散射特性复杂，结构千差万别，对其分类存在很大的难度。尤其是聚集地物，如城区、森林等，是由多个同类目标聚集形成的，这种区域内部目标和地面散射变化差异大，形成强烈的亮暗变化，这些变化重复出现，形成了聚集地物。如何将聚集地物分为语义上一致的区域并保持边界细节，是极化 SAR 地物分类的一个难点问题。目前，极化 SAR 分类方法的研究主要依靠极化散射特性的分析和基于像素底层特征的提取，为了能够对图像进行更高层次的理解和解译，高层语义信息的挖掘也是很有必要的，是进一步图像理解和解译的关键。

本书中，我们对极化 SAR 图像进行了深入分析，不仅充分挖掘了极化 SAR 的散射特性，还进一步从视觉认知角度构建视觉层次语义模型，提出一系列有效的新模型和极化 SAR 地物分类方法。本书共 6 章，主要内容如下。

第 1 章，介绍了现有极化 SAR 图像的基本概念，极化 SAR 图像分类的国内外发展现状，现有分类方法存在的主要问题和难点，以及本书提出方法的创新之处。

第 2 章，提出了一种新的基于小波融合的极化 SAR 图像边线检测算法。极化 CFAR 检测算法能够有效地抑制斑点噪声，因为其考虑了斑点噪声的 Wishart 分布模型。然而，它难以检测异质区域的边界细节，如城区内部的细道路等，这是因为在异质区域中，滤波器内像素已难以满足相干斑一致性假设。为了克服这个缺点，我们通过融合极化 CFAR 检测算法和加强梯度检测算法，提出了一种新的边线检测算法，该算法结合了极化 CFAR 和加强梯度检测算法的优势，并抑制其缺点。使用小波变换对这两种互补的检测算法进行融合，并定义语义规则。另外，为了抑制梯度检测算法的噪声影响，对梯度检测结果采用降斑策略。实验结果表明，提出的算法能够有效地检测弱边界和异质区域的细节。

第 3 章，提出了极化视觉层次语义模型，将极化 SAR 图像划分为三种结构类型区域。对于极化 SAR 图像分类，如何将聚集地物分为语义上一致的区域是一个难题。为了解决这个难题，本书提出了一种视觉层次语义模型，该模型包括初层和中层语义。初层语义是极化素描图，它是由素描线段构成，是极化 SAR 图像的稀疏表示。中层语义是区域图，该图是通过挖掘素描图中素描线段的空间邻域关系而得到的。该图将极化 SAR 图像划分为聚集、结构和匀质三种区域类型。实验结果表明，提出的视觉层次语义模型能够很好地划分极化 SAR 图像的三种结构类型区域。

第 4 章，提出了一种新的基于视觉层次语义模型和极化特性的极化 SAR 地物分类方法。针对复杂的极化 SAR 场景，为了对不同类型的地物进行精确分类，本书根据提出的视觉层次语义模型，将区域图映射到极化 SAR 图像上，并将极化 SAR 图像划分为聚集、结构和匀质三种区域类型。然后，用均值漂移对图像进行初分割，对不同的区域类型，根据其特点设计不同的区域合并策略，得到语义分割结果。另外，进一步构建语义——极化分类器，将语义分割和基于散射特性的分类结果进行融合，得到更优的分类结果。通过对不同波段、不同传感器得到的真实数据进行测试，验证了提出的算法能够获得语义上一致的区域和边界细节。

第 5 章，提出了一种无监督的基于素描图和自适应马尔可夫随机场（Markov Random Field，MRF）的极化 SAR 图像分类算法。MRF 模型是极化 SAR 图像分类的一种有效工具。然而，在传统的 MRF 方法中，由于缺乏合适的上下文信息，分类结果的边界保持和区域一致性一直是矛盾的。为了既保持边界细节，又获得一致的区域，本书基于极化素描图，提出了一种自适应的 MRF 框架。极化素描图能够提供详细的边界位置和方向，这些信息能够有效地指导边界邻域结构的选择。具体地，极化素描图能够将极化 SAR 图像划分为结构区域和非结构区域，然后对不同的区域进行自适应邻域学习。对于结构区域，构建几何结构块对图像细节进行保持。对于非结构区域，设计最大一致区域来提高区域一致性。通过对仿真和真实数据的实验表明，提出的算法既能够获得好的区域一致性，又能够得到细节边界。

第 6 章，提出了基于深度学习和视觉层次语义模型的极化 SAR 图像分类方法。针对复杂场景的极化合成孔径雷达图像，堆叠自编码模型能够自动学习图像结构特性，有效表示城区、森林等复杂地物的结构，然而，对图像边界和细节却难以保持。为了克服该缺点，本书结合深度自编码器和极化视觉层次语义模型，提出了新的无监督的极化 SAR 图像分类算法。该方法根据极化视觉层次语义模型，将复杂的极化 SAR 图像划分为聚集、匀质和结构三大区域。对于聚集区域，采用堆叠自编码模型进行高层特征表示，并构造字典得到稀疏特征进行分类；对于匀质区域，采用层次模型进行分类；对于结构区域，进行线目标保留和边界定位。实验结果表明，该算法通过不同的分类策略优势互补，能够得到区域一致性好且边界保持的分类结果。

本书具有如下特点。

（1）体系完整，内容先进，符合研究生学习要求，适合对遥感图像处理感兴趣的学者研究参考。

（2）研究内容新颖，提出了一系列新的极化 SAR 图像处理的模型和方法。

（3）从视觉计算的角度对遥感图像进行分析，是视觉认知驱动的遥感图像处理方法。

（4）为读者提供了新的思路和框架，是经典分类模型和方法的延伸和拓展。

著 者

2021 年 8 月

符号对照表

符号	符号名称
μ	纹理参数
d	通道数
C	协方差矩阵
λ	形状参数
w_i	高斯核权值
l_0	长度阈值
δ_1	聚集度阈值
δ_2	空间约束阈值
S	素描线段集合
ϕ	空集
m_i	第 i 个区域像素个数
m_j	第 j 个区域像素个数
N_r	合并后区域个数
U	能量函数
U_1	观测数据项
U_2	平滑项能量
w_{rs}	像素 r 对中心像素 s 的置信度
a^t	第 t 次迭代的权值
Q	极化 SAR 图像总像素个数
L	视数
I	一幅图像
I_{sk}	可素描部分
I_{nsk}	不可素描部分

缩略语对照表

缩略语	英文全称	中文对照
PolSAR	Polarimetric Synthetic Aperture Radar	极化合成孔径雷达
SAR	Synthetic Aperture Radar	合成孔径雷达
HSM	Hierarchical Semantic Model	层次语义模型
MRF	Markov Random Field	马尔可夫随机场
CFAR	Constant False Alarm Rate	常虚警率
NASA	National Aeronautics and Space Administration	美国国家航空航天局
JPL	Jet Propulsion Laboratory	喷射推进实验室
DLR	Deutsches Zentrum fur Luftund Raumfahrt	德国宇航中心
DCRS	Danish Center for Remote Sensing	丹麦遥感中心
JAXA	Japan Aerospace Exploration Agency	日本宇宙航空研究开发机构
CSA	Canadian Space Agency	加拿大太空局
CNN	Convolutional Neural Network	卷积神经网络
DBN	Deep Belief Network	深度置信网
SAE	Stacked Auto-Encoder	堆叠自编码
RBM	Restricted Boltzmann Machines	限制玻尔兹曼机
CLG	Coding Length Gain	编码长度增益
AS	Aggregated Segment	聚集线段
IS	Isolated Segment	孤立线段
ADH	Aggregated Degree Histogram	聚集度直方图
DAS	Double-side Aggregated Segment	双边聚集线段

SAS	Single-side Aggregated Segment	单边聚集线段
ZAS	Zero Aggregated Segment	零聚集线段
PDF	Probability Density Function	概率密度函数
MLL	Maximum Log Likelihood	最大对数似然
SGP	Spectral Graph Partitioning	谱图划分
BPT	Binary Partition Tree	二值划分树
NLM-SAP	Non-Local Method with Shape-Adaptive Patches	形状自适应的非局部滤波方法
SPAN	Total Backscattering Power	后向散射总功率
MAP	Maximum A Posteriori	最大后验概率
ML	Maximum-Likelihood	最大似然
SSIM	Structural Similarity Index Measurement	结构相似性测度
FOM	Figure of Merit	品质因子
DWT	Discrete Wavelet Transform	离散小波变换
MS	Mean Shift	均值漂移

目 录

前言

符号对照表

缩略语对照表

第 1 章 极化 SAR 图像分类概述 ·· 1
  1.1 引言 ··· 1
  1.2 极化 SAR 图像数据 ··· 3
    1.2.1 极化 SAR 数据表示 ··· 3
    1.2.2 极化 SAR 数据的统计分布 ·································· 5
  1.3 极化 SAR 图像分类算法研究现状和挑战 ······················· 9
    1.3.1 极化 SAR 图像分类算法研究现状 ························· 9
    1.3.2 极化 SAR 图像分类的难点和挑战 ························ 13
    1.3.3 视觉认知模型发展现状 ····································· 14
  1.4 视觉计算理论和初始素描模型 ··································· 15
    1.4.1 Marr 视觉计算理论 ··· 16
    1.4.2 初始素描模型 ·· 17
  1.5 深度学习模型 ·· 18
    1.5.1 卷积神经网络 ·· 18
    1.5.2 深度置信网络 ·· 19
    1.5.3 深度自编码 ··· 19
  1.6 本书的贡献和内容安排 ··· 20

第 2 章 极化 SAR 边线检测算法 ·· 23
  2.1 引言 ··· 23
  2.2 极化 CFAR 检测算法 ··· 24

    2.2.1 极化 CFAR 检测算法的基本概念 ···································· 24
    2.2.2 极化 CFAR 检测算法的缺点 ······································ 26
  2.3 融合极化机理和梯度学习的极化 SAR 边线检测算法················ 27
    2.3.1 基于 SPAN 图的加权梯度边线检测································ 28
    2.3.2 基于语义规则的小波融合··· 29
  2.4 实验结果和分析·· 31
    2.4.1 实验设置·· 31
    2.4.2 L 波段旧金山地区实验结果和分析································ 31
    2.4.3 C 波段极化 SAR 图像实验结果和分析····························· 33
  2.5 本章小结·· 35
第 3 章 极化 SAR 图像的视觉层次语义模型·································· 36
  3.1 引言·· 36
  3.2 极化 SAR 图像的视觉层次语义模型与框架 ·························· 38
    3.2.1 视觉层次语义模型构建动机·· 38
    3.2.2 视觉层次语义模型数学表示·· 41
    3.2.3 视觉层次语义模型的框架··· 43
  3.3 初层语义：极化 SAR 素描图的构建算法······························· 44
    3.3.1 极化边线检测算法·· 44
    3.3.2 素描线的选择··· 47
  3.4 中层语义：区域图构建算法··· 50
    3.4.1 基于图规则和素描线段局部统计特性的素描线段分组··········· 50
    3.4.2 聚集区域提取··· 54
    3.4.3 结构区域提取··· 57
  3.5 实验结果和分析·· 58
    3.5.1 多组极化 SAR 图像验证模型有效性······························ 58
    3.5.2 参数分析··· 59
  3.6 本章小结·· 62

第 4 章 基于层次语义模型和极化特性的极化 SAR 地物分类 ················ 63

- 4.1 引言 ················ 63
- 4.2 算法框架 ················ 64
- 4.3 语义分割算法 ················ 65
  - 4.3.1 初始分割 ················ 65
  - 4.3.2 聚集区域分割算法 ················ 66
  - 4.3.3 结构区域分割算法 ················ 66
  - 4.3.4 层次分割算法 ················ 67
- 4.4 语义–极化分类算法 ················ 69
  - 4.4.1 H/α-Wishart 分类 ················ 70
  - 4.4.2 融合语义分割和极化机理的分类策略 ················ 70
- 4.5 实验结果和分析 ················ 71
  - 4.5.1 实验数据和设置 ················ 71
  - 4.5.2 合成极化 SAR 图像的实验结果和分析 ················ 72
  - 4.5.3 E-SAR 卫星 L 波段极化 SAR 图像实验结果和分析 ················ 74
  - 4.5.4 AIRSAR 卫星 L 波段极化 SAR 图像实验结果和分析 ················ 76
  - 4.5.5 CONVAIR 卫星极化 SAR 图像实验结果和分析 ················ 78
  - 4.5.6 RadarSAT-2 卫星 C 波段极化 SAR 图像实验结果和分析 ················ 78
  - 4.5.7 参数分析 ················ 80
- 4.6 本章小结 ················ 83

第 5 章 基于极化素描图和自适应邻域 MRF 的极化 SAR 地物分类 ········ 84

- 5.1 引言 ················ 84
- 5.2 极化素描图 ················ 86
- 5.3 基于极化素描图和自适应邻域 MRF 的极化 SAR 地物分类算法 ················ 88
  - 5.3.1 极化 SAR 数据分布 ················ 88
  - 5.3.2 基于素描图的自适应 MRF 模型 ················ 91
  - 5.3.3 算法描述 ················ 97
- 5.4 实验结果和分析 ················ 98

| | 5.4.1 实验设置 · 98
| | 5.4.2 仿真数据的实验结果和分析 · 99
| | 5.4.3 CONVAIR 卫星 Ottawa 地区极化 SAR 图像实验结果和分析 · · · · · · · 102
| | 5.4.4 E-SAR 卫星 L 波段极化 SAR 图像实验结果和分析 · · · · · · · · · · · · · · 105
| 5.5 本章小结 · 105

第 6 章 基于深度学习和层次语义模型的极化 SAR 地物分类 · · · · · · · · · 107
| 6.1 引言 · 107
| 6.2 深度自编码模型 · 109
| 6.3 极化层次语义模型 · 110
| 6.4 DL-HSM 算法 · 111
| | 6.4.1 聚集区域的深度自编码模型 · 112
| | 6.4.2 结构区域边界定位 · 115
| | 6.4.3 匀质区域的层次分割和分类 · 116
| 6.5 实验结果和分析 · 117
| | 6.5.1 实验数据和设置 · 117
| | 6.5.2 合成图像实验结果和分析 · 119
| | 6.5.3 AIRSA 卫星 L 波段极化 SAR 图像实验结果和分析 · · · · · · · · · · · · · · 120
| | 6.5.4 CONVAIR 卫星极化 SAR 图像实验结果和分析 · · · · · · · · · · · · · · · 122
| | 6.5.5 RadarSAT-2 卫星 C 波段极化 SAR 图像实验结果和分析 · · · · · · · · · · 123
| | 6.5.6 参数分析 · 124
| 6.6 本章小结 · 125

参考文献 · 126

第 1 章 极化 SAR 图像分类概述

1.1 引　　言

合成孔径雷达（Synthetic Aperture Radar，SAR）是主动发射电磁波进行成像的遥感传感器，发展迄今已有半个世纪之久，在物理、电磁和信号处理上都有很好的发展，也被广泛应用到图像处理上。SAR 首先被用在二战时期，主要用于完成监测任务，它利用以多普勒频移理论和雷达相干为基础的合成孔径技术，突破了真实的孔径天线对方分辨率的限制，并与脉冲压缩技术结合，实现了远距离目标的二维高分辨成像[1,2]。SAR 以微波波段进行工作，可以进行全天时、全天候的监测，不受天气状况影响，且具有一定的穿透力，能够探测到草丛中隐藏的目标。相比于其他传感器，SAR 能够更精确地对地物数据进行获取，对目标进行更好地辨别，因此被广泛应用在军事探测、海洋监控、城市规划、土壤湿度监测、地物分类上[3-5]。

早期的 SAR 是固定视角、单频、单极化的工作方式，其测量值是特定的发射极化和接收极化组合相对应的接收功率或者复数据[3]，这种标量的测量并不能完全刻画目标的特征信息。随着雷达技术的发展和对雷达图像的深入研究，这种标量测量已经难以满足人们对地物精确认知的需求，地物目标更多的信息需要被挖掘。极化合成孔径雷达（Polarimetric Synthetic Aperture Radar，PolSAR）通过多通道、多种极化方式组合[5,6]，能够获取更多参数的地物信息，满足了人们的需求。极化 SAR 几乎同时发射并接收两组相干的极化电磁波，是对目标进行全极化（若线性极化基下，则全极化的数据是水平极化和垂直极化的 4 种组合）的数据测量，则每个分辨单元能够获得一个矩阵的表示形式，而不是标量，而且极化矩阵又对应了目标相应的散射模型。电磁波的极化组合能够刻画目标的物理特性、介电常数、几何形状等，对目标的获取和辨识具有有效的作用。极化 SAR 的发展始于 20 世纪 80 年代，第一部极化合成孔径雷达系统是由美国航空航天局（NASA）喷气推进实验室（JPL）研制成功的极化 SAR CV-990 [7,8]，该雷达只有单波段（L），是最原始的极化雷达。1988 年，多波段的机载极化雷达被 JPL 研制成功，它具有 L、C、X 三个波段，且分辨率优于 10m。随后，极化雷达受到广泛的关注。

目前，机载极化 SAR 系统 [9,10] 主要有美国的 AIRSAR（NASA/JPL）[11]，丹麦的 EMISAR（DCRS）[12,13]，德国的 ESAR（DLR）[14]，日本的 PISAR（NASDA-CRL）[15]，法国的 RAMSES（ONERA）[16]，加拿大的 CV580 [17] 等。典型的星载极化 SAR 系统 [8] 有美国的 SIR-C（NASA/JPL），欧空局的 ENVISAT ASAR（ESA），日本的 ALOS PALSAR（JAXA）[18]，加拿大的 RADARSAT 2（CSA），德国的 TerraSAR-X[19] 等。在国内也有相应的研究单位，如中国科学院电子研究所，中国电子科技集团公司第三十八研究所已有多极化 SAR 系统。1976 年，中国科学院电子研究研制成功我国第一台机载合成孔径雷达，1987 年研制成功多条带、多极化机载合成孔径雷达系统。

与单极化合成孔径雷达相比，极化 SAR 具有一些优势：① 具有更多的极化信息来对目标进行更精细的刻画，即极化 SAR 数据的表示方式为矩阵，从多极化角度刻画目标的特性；② 具有更多的散射分解特性，即对极化 SAR 矩阵进行目标分解，能够得到不同地物的散射机理，不同的目标分解方法已经被提出，如 Cloude 分解，Freeman 分解、Huynen 分解等，这些分解方法能够分解出描述地物散射机理的特征，根据散射特性对目标更精细的描述；③ 更加广泛的应用前景，极化 SAR 从不同的极化角度对地物进行成像，既有幅度信息，又有相位信息，这种极化方式的组合能够为进一步识别和理解目标提供更全面的信息，尤其在对地观测和遥感方面有显著的优势，因此极化 SAR 具有更广泛的应用前景。

1.2 极化 SAR 图像数据

1.2.1 极化 SAR 数据表示

1. 极化散射矩阵

雷达目标的电磁散射过程是线性变换,那么根据入射波和散射波,目标的变极化效应可以用一个复二维矩阵来表示,该矩阵称为极化散射矩阵,也就是 Sinclair 散射矩阵[9],即

$$\boldsymbol{E}^{\text{re}} = [\boldsymbol{S}]\boldsymbol{E}^{\text{tr}} = \begin{bmatrix} E_H^{\text{re}} \\ E_V^{\text{re}} \end{bmatrix} = \frac{e^{ik_0 r}}{r} \begin{bmatrix} S_{HH} & S_{HV} \\ S_{VH} & S_{VV} \end{bmatrix} \begin{bmatrix} E_H^{\text{tr}} \\ E_V^{\text{tr}} \end{bmatrix} \quad (1\text{-}1)$$

其中,上标 re 表示天线发射的入射波,tr 表示接收到的散射波。k_0 为电磁波的波数,r 为散射目标和接收天线的距离,矩阵 $\boldsymbol{S}$ 即为极化散射矩阵[20-24]。其中,S_{HH}、S_{VV} 为共/同极化分量,S_{HV}、S_{VH} 为交叉极化分量。在收发共置条件下,根据互易性定义,交叉极化分量是相等的,即 $S_{HV} = S_{VH}$。因此,$\boldsymbol{S}$ 矩阵可以表示为

$$[S] = e^{i\phi_0} \begin{bmatrix} |S_{HH}| & |S_{HV}|e^{i(\phi_x - \phi_0)} \\ |S_{HV}|e^{i(\phi_x - \phi_0)} & |S_{VV}| \end{bmatrix} \quad (1\text{-}2)$$

若忽略绝对相位值,则矩阵 $\boldsymbol{S}$ 有 5 个独立参数(3 个振幅量和 2 个相位量)。为了方便表示,通常将矩阵 $\boldsymbol{S}$ 矢量化,采用不同的正交单位矩阵,对矩阵 $\boldsymbol{S}$ 进行不同的矢量化,一种正交单位矩阵为 Lexicographic 基,其定义为

$$\Psi_L = \left\{ \begin{bmatrix} 2 & 0 \\ 0 & 0 \end{bmatrix}, \begin{bmatrix} 0 & 2 \\ 0 & 0 \end{bmatrix}, \begin{bmatrix} 0 & 0 \\ 2 & 0 \end{bmatrix}, \begin{bmatrix} 0 & 0 \\ 0 & 2 \end{bmatrix} \right\} \quad (1\text{-}3)$$

利用 Ψ_L 将矩阵 $\boldsymbol{S}$ 矢量化得到 $k_{4L} = [S_{HH}, S_{HV}, S_{VH}, S_{VV}]^{\text{T}}$,根据互易性得到 $k_{3L} = [S_{HH}, S_{HV}, S_{VV}]^{\text{T}}$。

另一种常用的正交单位矩阵为 Pauli 基,表示为

$$\Psi_p = \left\{ \sqrt{2} \begin{bmatrix} 1 & 0 \\ 0 & 1 \end{bmatrix}, \sqrt{2} \begin{bmatrix} 1 & 0 \\ 0 & -1 \end{bmatrix}, \sqrt{2} \begin{bmatrix} 0 & 1 \\ 1 & 0 \end{bmatrix}, \sqrt{2} \begin{bmatrix} 0 & -i \\ i & 0 \end{bmatrix} \right\} \quad (1\text{-}4)$$

得到的 Pauli 矢量化为

$$k_{4p} = \frac{1}{\sqrt{2}} [S_{HH} + S_{VV}, S_{HH} - S_{VV}, S_{HV} + S_{VH}, i(S_{HV} - S_{VH})]^{\mathrm{T}} \quad (1\text{-}5)$$

根据互易性定理，得到

$$k_{3p} = \frac{1}{\sqrt{2}} [S_{HH} + S_{VV}, S_{HH} - S_{VV}, 2S_{HV}]^{\mathrm{T}} \quad (1\text{-}6)$$

2. Stocks 矩阵

散射矩阵不能用于描述部分极化过程，然而，地面散射过程为部分极化过程，因此，为了更加准确地分析部分极化波对于地物的作用，需要另一种方式来描述散射体，称为 Stocks 矩阵[25]，又称 Kennaugh 矩阵或 Muller 矩阵[26,27]。

Stocks 矩阵的矢量表示为

$$g = [\boldsymbol{R}] G = \begin{bmatrix} 1 & 1 & 0 & 0 \\ 1 & -1 & 0 & 0 \\ 0 & 0 & 1 & i \\ 0 & 0 & 1 & -i \end{bmatrix} \begin{bmatrix} |E_H|^2 \\ |E_V|^2 \\ E_H E_V^* \\ E_V E_H^* \end{bmatrix} = \begin{bmatrix} |E_H|^2 + |E_V|^2 \\ |E_H|^2 - |E_V|^2 \\ 2\mathrm{Re}(E_H \cdot E_V^*) \\ 2\mathrm{Im}(E_H \cdot E_V^*) \end{bmatrix} \quad (1\text{-}7)$$

并且，用 G^t 和 G^s 分别表示发射矢量和散射矢量，则它们之间的关系表示为

$$G^s = \frac{1}{r^2} [\boldsymbol{W}] G^t \quad (1\text{-}8)$$

其中，$[\boldsymbol{W}]$ 定义为

$$[\boldsymbol{W}] = \begin{bmatrix} S_{VV}^* S_{VV} & S_{VH}^* S_{VH} & S_{VH}^* S_{VV} & S_{VV}^* S_{VH} \\ S_{HV}^* S_{HV} & S_{HH}^* S_{HH} & S_{HH}^* S_{HV} & S_{HV}^* S_{HH} \\ S_{HV}^* S_{VV} & S_{HH}^* S_{VH} & S_{HH}^* S_{VV} & S_{HV}^* S_{VH} \\ S_{VV}^* S_{HV} & S_{VH}^* S_{HH} & S_{VH}^* S_{HV} & S_{VV}^* S_{HH} \end{bmatrix} \quad (1\text{-}9)$$

根据上述公式可以得到散射波的 Stocks 矢量 g^s 为

$$g^s = [\boldsymbol{R}] G^s = \frac{1}{2} [\boldsymbol{R}][\boldsymbol{W}] G^t = \frac{1}{2} [\boldsymbol{R}][\boldsymbol{W}][\boldsymbol{R}]^{-1} g^t = \frac{1}{2} [\boldsymbol{K}] g^t \quad (1\text{-}10)$$

其中，$[R]^{-1}$ 为 $[R]$ 的逆矩阵，$[K]$ 为 4×4 的实矩阵，表示入射波和散射波 Stocks 矢量之间的关系。

3. 极化相干矩阵

一般来说，每个像元都是由多个散射矩阵 S 相干叠加得到的，因此，为了计算统计散射效应，定义了极化相干矩阵和极化协方差矩阵。一般情况下，$S_{HV} = S_{VH}$。则极化协方差矩阵[28-30]定义为多个散射矢量 k_{3L} 和其共轭转置 $k_{3L}^{*\mathrm{T}}$ 的乘积的统计平均，即

$$[C] = \langle k_{3L} k_{3L}^{*\mathrm{T}} \rangle = \begin{bmatrix} \langle |S_{HH}|^2 \rangle & \sqrt{2} \langle S_{HH} S_{HV}^* \rangle & \langle S_{HH} S_{HV}^* \rangle \\ \sqrt{2} \langle S_{HV} S_{HH}^* \rangle & 2 \langle |S_{HV}|^2 \rangle & \sqrt{2} \langle S_{HV} S_{VV}^* \rangle \\ \langle S_{VV} S_{HH}^* \rangle & \sqrt{2} \langle S_{VV} S_{HV}^* \rangle & \langle |S_{VV}|^2 \rangle \end{bmatrix} \quad (1\text{-}11)$$

当散射矢量采用 Pauli 矢量 k_{3p} 时，得到极化相干矩阵[31,32]，即

$$\begin{aligned}[T] &= \langle k_{3P} k_{3P}^{*\mathrm{T}} \rangle \\ &= \frac{1}{2} \begin{bmatrix} \langle |S_{HH} + S_{VV}|^2 \rangle & \langle (S_{HH} + S_{VV})(S_{HH} - S_{VV})^* \rangle \\ \langle (S_{HH} - S_{VV})(S_{HH} + S_{VV})^* \rangle & \langle |S_{HH} - S_{VV}|^2 \rangle \\ 2 \langle S_{HV}(S_{HH} + S_{VV})^* \rangle & 2 \langle S_{HV}(S_{HH} - S_{VV})^* \rangle \end{bmatrix} \\ &\quad \begin{bmatrix} 2 \langle (S_{HH} + S_{VV}) S_{HV}^* \rangle \\ 2 \langle (S_{HH} - S_{VV}) S_{HV}^* \rangle \\ 4 \langle |S_{HV}|^2 \rangle \end{bmatrix} \end{aligned} \quad (1\text{-}12)$$

1.2.2 极化 SAR 数据的统计分布

在完全发展相干斑的一致性假设下[9]，单视极化 SAR 散射矩阵的每个分量都是一个复变量，都服从均值为零、方差为 $\dfrac{\sigma}{2}$ 的多元复高斯分布[33,34]，可以推出单视极化 SAR 图像的幅度图像满足瑞利分布[35]，回波功率图满足指数分布。

完全发展相干斑需要满足三个条件：① 在一致媒介的分辨单元内有大量的

散射单元；② 分辨单元尺寸要远远大于雷达波长；③ 表面足够粗糙，相位是在 $[-\pi,\pi]$ 之间均匀分布。

1. Wishart 分布

多视协方差矩阵 C 通过对单视协方差矩阵经过 n 视处理后得到，满足复 Wishart 分布[36]，定义为

$$p_C^{(n)}(C) = \frac{|C|^{n-q}\exp\left[-\text{Tr}(\Sigma^{-1}C)\right]}{K(n,q)|\Sigma|^n} \tag{1-13}$$

其中，$\Sigma = E(C)$，$\text{Tr}(\cdot)$ 为矩阵求迹操作，q 为通道数，一般 $q=3$，且

$$K(n,q) = \pi^{q(q-1)/2}\Gamma(n)\cdots\Gamma(n-q+1) \tag{1-14}$$

2. 非高斯模型

然而，在高分辨极化 SAR 图像中，尤其是城区等异质区域，一个分辨单元内的散射个数比低分辨极化 SAR 图像减少很多，不再满足完全发展相干斑假设和中心极限定理，即散射向量不再满足高斯假设。因此，Wishart 分布不再适合高分辨极化 SAR 图像和异质地物。近日，一个高级的非高斯模型被提出，也就是积模型[37]，该模型假设观测的协方差矩阵是两个独立成分的乘积。一个是纹理变量 u[38]，它表示平均后向散射回波的变化；另一个是高斯斑点噪声，记为一致协方差矩阵 C_h。C_h 服从复 Wishart 分布，那么观测的协方差矩阵 C 可以表示为[37]

$$C = uC_h \tag{1-15}$$

已知一致协方差矩阵 C_h 的分布，那么协方差矩阵 C 的分布取决于纹理变量 u 的分布。使用最大似然方法对 C_h 和 u 进行迭代估计。假设给定 C_h，用 N 个采样协方差矩阵估计纹理参数，可以得到[39]

$$\widehat{u}_n = \frac{1}{d}\text{Tr}(C_h^{-1}C_n) \tag{1-16}$$

其中，C_n 为第 n 个采样协方差矩阵，$\widehat{u}_n$ 为第 n 个样本估计的纹理参数，d 为散射向量维数，在互易性条件下，$d=3$。

同样，假设给定纹理参数 u，那么一致协方差矩阵的估计为 [39]

$$\widehat{C}_h = \frac{1}{N}\sum_{n=1}^{N}\frac{1}{u_n}C_n \tag{1-17}$$

3. K 分布

在一致区域，协方差矩阵满足复 Wishart 分布，纹理变量 u 为一个常数。对于异质区域或者高分辨极化 SAR 图像，当纹理参数 u 建模为 Gamma 分布时，对应的协方差矩阵满足 K 分布 [40,41]，该分布函数定义为

$$K(\boldsymbol{\Sigma},L,\alpha) = \frac{2|\boldsymbol{C}|^{L-d}}{I(L,d)\Gamma(\alpha)|\boldsymbol{\Sigma}|^L}(L\alpha)^{\frac{\alpha+Ld}{2}}(\mathrm{tr}(\boldsymbol{\Sigma}^{-1}\boldsymbol{C}))^{\frac{\alpha-Ld}{2}} \cdot$$

$$K_{\alpha-Ld}(2\sqrt{L\alpha\mathrm{tr}(\boldsymbol{\Sigma}^{-1}\boldsymbol{C})}) \tag{1-18}$$

其中，$|\cdot|$ 为求行列式操作，$\mathrm{tr}(\cdot)$ 为求矩阵的迹操作。L 为等效视数，d 为通道数，α 为形状参数。$\boldsymbol{\Sigma}$ 为平均协方差矩阵。$K_m(x)$ 为修正的 m 阶 Bessel 函数，并且 $I(L,d) = \pi^{\frac{d(d-1)}{2}}\prod_{i=1}^{d}\Gamma(L-i+1)$ 为归一化常数。

K 分布能够有效地刻画纹理区域，尤其是森林地区。另外，K 分布也能刻画匀质区域，因为当形状参数 $\alpha \to +\infty$ 时，K 分布退化为 Wishart 分布。因此，K 分布比 Wishart 分布能更灵活地表示协方差矩阵，形状参数 α 控制了分布的灵活性。

4. G0 分布

当纹理参数 u 建模为逆 Gamma 分布时，对应的协方差矩阵服从 G0 分布 [42,43]，该分布函数定义为

$$G_d^0(\boldsymbol{\Sigma},L,\lambda) = \frac{L^{Ld}|\boldsymbol{C}|^{L-d}}{\Gamma_d(L)|\boldsymbol{\Sigma}|^L}\frac{\Gamma(Ld+\lambda)(\lambda-1)^\lambda}{\Gamma(\lambda)}(L\mathrm{tr}(\boldsymbol{\Sigma}^{-1}\boldsymbol{C})+\lambda-1)^{-\lambda-Ld} \tag{1-19}$$

其中，λ 为形状参数。

相比于 K 分布，G0 分布具有更显著的优势，它不仅能够有效描述匀质区域、异质区域、对极不匀质区域也有很强的刻画能力。形状参数 λ 控制着 G0 分

布的灵活性，当 $\lambda \to +\infty$ 时，G0 分布退化为 Wishart 分布，当 $\lambda \to 0$ 时，G0 分布相当于 K 分布。

5. KummerU 分布

当纹理参数 u 建模为 Fisher 分布时，对应的协方差矩阵服从 KummerU 分布 [44]。Fisher 分布有两个形状参数 ξ 和 ς，定义为

$$F(\xi,\varsigma) = \frac{\Gamma(\xi+\varsigma)}{\Gamma(\xi)\Gamma(\varsigma)} \frac{\xi}{\varsigma-1} \frac{\left(\frac{\xi}{\varsigma-1}t\right)^{\xi-1}}{\left(1+\frac{\xi}{\varsigma-1}t\right)^{\xi+\varsigma}} \tag{1-20}$$

Fisher 分布相当于 Gamma 分布和逆 Gamma 分布的梅林卷积，则得到的 KummerU 分布定义为

$$U_d(\boldsymbol{\Sigma},L,\xi,\varsigma) = \frac{L^{Ld}|\boldsymbol{C}|^{L-d}}{\Gamma_d(L)|\boldsymbol{\Sigma}|^L} \frac{\Gamma(\xi+\varsigma)}{\Gamma(\xi)\Gamma(\varsigma)} \left(\frac{\xi}{\varsigma-1}\right)^{Ld} \Gamma(Ld+\varsigma) \times$$
$$U(Ld+\varsigma, Ld-\xi+1, Ltr(\boldsymbol{\Sigma}^{-1}\boldsymbol{C})\xi/(\varsigma-1)) \tag{1-21}$$

当 $\varsigma \to +\infty$ 时，KummerU 分布退化为 K 分布，当 $\xi \to +\infty$ 时，KummerU 分布退化为 G0 分布，当 $\varsigma \to +\infty$，$\xi \to +\infty$ 时，KummerU 分布退化为 Wishart 分布，因此，KummerU 分布对匀质区域、纹理区域和极不匀质区域都有很好的刻画能力，更加适合于描述高分辨的极化 SAR 数据。

对于这些非高斯模型，参数估计是一个重要的问题，然而，这些分布难以求得解析的参数值。一些参数估计的方法已经被提出，如矩估计、对数矩估计等。这些方法运算复杂度高，且估计不准确，基于梅林变换理论 [45]，矩阵对数累积量方法（Matrix Log-Cumulants, MoMLC）[46] 被提出用来进行参数估计，相比于其他参数估计方法，该算法能够得到更精确的估计，并被广泛应用在 SAR 和极化 SAR 图像上。表 1.1 给出了极化 SAR 数据分布和对应的基于 MoMLC 的参数估计。

表 1.1 极化 SAR 数据分布和对应的基于 MoMLC 的参数估计

分布	纹理模型		基于 MoMLC 的参数估计
$W_d^C(\mathbf{\Sigma}, L)$	常数	$\delta(t-1)$	无参数
$K_d(\mathbf{\Sigma}, L, \alpha)$	$\tilde{\gamma}(\alpha)$	$\frac{\alpha^\alpha}{\Gamma(\alpha)} t^{\alpha-1} \exp(-\alpha t)$	$\kappa_1 = \psi^{(0)}(\alpha) - \ln(\alpha)$ $\kappa_{v>1} = \psi^{(v-1)}(\alpha)$
$G_d^0(\mathbf{\Sigma}, L, \lambda)$	$\tilde{\gamma}^{-1}(\lambda)$	$\frac{(\lambda-1)^\lambda}{\Gamma(\lambda)} \frac{1}{t^{\lambda+1}} \exp(-\frac{\lambda-1}{t})$	$\kappa_1 = -\psi^{(0)}(\lambda) + \ln(\lambda-1)$ $\kappa_{v>1} = (-1)^v \psi^{(v-1)}(\lambda)$
$U_d(\mathbf{\Sigma}, L, \xi, \zeta)$	$\tilde{F}(\xi, \zeta)$	$\frac{\Gamma(\xi+\zeta)}{\Gamma(\xi)\Gamma(\zeta)} \frac{\xi}{\zeta-1} \frac{(\frac{\xi}{\zeta-1}t)^{\xi-1}}{(\frac{\xi}{\zeta-1}t+1)^{\xi+\zeta}}$	$\kappa_1 = \psi^{(0)}(\xi) - \psi^{(0)}(\zeta) + \ln(\frac{\zeta-1}{\xi})$ $\kappa_{v>1} = \psi^{(v-1)}(\xi) + (-1)^v \psi^{(v-1)}(\zeta)$

1.3 极化 SAR 图像分类算法研究现状和挑战

1.3.1 极化 SAR 图像分类算法研究现状

近年来,极化 SAR 图像处理已经被越来越多学者所研究。主要的处理包括极化 SAR 图像去噪、分类、目标检测和识别等。极化 SAR 图像分类作为极化 SAR 图像处理的主要任务之一,为后期的目标识别和图像解译提供有效的手段。极化 SAR 图像分类是指给极化 SAR 图像中的每个像素都赋予一定物理意义的类标,以便能够辨识不同类型的地物目标。本书主要研究极化 SAR 图像的地物分类。近年来,很多极化分类方法已经被提出,主要包含有监督和无监督的极化 SAR 分类。有监督的极化 SAR 分类方法是指在已知一定训练样本的前提下进行分类,一般是通过训练样本对分类器进行学习,用学到的分类器进行分类的过程。该类方法因为有真实地物的类标,所以能够得到精确的分类结果。有监督的极化 SAR 分类方法[47-50]主要有:Wishart 分类器[49]、SVM 分类[48,51]。稀疏压缩感知分类[52]和集成分类[50]等。有监督的极化 SAR 分类方法通过学习分类器能够得到较好的分类结果。然而,由于极化 SAR 图像是对大范围地面的成像,对其逐个像素的类别标记是非常耗时和昂贵的,因此类标图像是很难得到的。由于缺乏极化 SAR 的类标图像,无监督的极化 SAR 分类方法[29,53-57]受到大多数学者的青睐。无监督的极化 SAR 方法不需要训练样本,一般通过学习数据本身的特征即可进行分类,但由于缺乏真实地物类标,该方法只能对结果进行定性评价。由于在实际应用中,难以获取真实地物的类标,因此,我们选择无监督的极化 SAR

分类方法。

根据极化散射特性和统计信息，无监督的极化 SAR 分类方法主要包括三类：第一类为基于目标分解的分类方法[29,54,57-60]。由于丰富的极化信息，基于散射机理的分类方法备受关注。经典的基于散射机理的分类方法有：1989 年，Van Zyl[57] 将地物类型分为奇次散射、偶次散射和混合散射，Cloude 等[29] 提出了 H/α 分类方法，将散射矩阵分解为散射熵 H 和散射角 α，H/α 构成的平面将地物目标分为 8 类，能够较好地反映地物的散射特性，然而，人为地对平面进行划分鲁棒性不够强，会产生粗糙的分类结果，尤其在分界线附近的类别易混淆和错分。Ferro-Famil 等人将反熵作为新的散射参数，加入 H/α 平面中，从而得到更精细的 16 类划分[61]。另外，Freeman 和 Durden 提出了基于三分量散射模型分解[54] 方法。进一步，Yamaguchi 等人[62] 提出了更加精细的四分量散射模型分解方法。为了进行更细的分类，Kimura 等人引入总功率 SPAN[63]。这些目标分解的方法能够精细地刻画目标的散射机理。2018 年，Ramin 从三个频段极化数据中生成极化信号[64]，提高了分类精度。2018 年，一种基于测地距离的散射目标分解方法[65] 被提出，该算法更精确地刻画了地物目标，提高了分类精度。2019 年，Song 等人[66] 提出了极化散射机理的模糊建模，将散射特性分为 4 类，提高了混合散射像素的分类精度。2020 年，Eric Pottier 等人[67] 提出了通用的散射功率分解框架，并通过测度距离构建新的旋转不变参数和分类策略，有效提高了分类精度。

第二类为基于统计特性的分类方法[33,40,49,68,69]。除了散射机理的分解方法，很多学者对极化数据的统计分布也进行了深入的研究。基于单视极化 SAR 数据，Kong 等人[68] 提出了基于复高斯分布的最大似然分类方法，Yueh[70] 和 Lim[71] 将其扩展到归一化的极化 SAR 数据。Van Zyl 和 Burnette[53] 通过迭代使用类先验概率对其进一步扩展。然而，单视极化 SAR 数据对噪声比较敏感，相干矩阵或者协方差矩阵是通过多视处理得到。Lee 等人基于相干矩阵的复 Wishart 分布，得到 Wishart 分类器[49]。该方法提出了 Wishart 距离测度，首先对极化 SAR 图像进行初始分类，对分类结果进行 Wishart 迭代直到达到停止条件。王爽等人[55] 将散射功率熵和共极化比结合进行初始分类，使用 Wishart 分布进行迭代，使得地物更加具有可分性。基于 Wishart 分布的分类方法被广泛应用，然而该分布是基于相干斑一致性假设前提的，对于低分辨的农田、水域等一致性区域，该假设是满足的。然而，对于高分辨率极化 SAR 图像或具有强烈变化的异质区域，一致性假设不再满足，因此，近来一种新的积模型[37]被提出，该模型假设协方差矩阵 C 是由 Wishart 分布的一致矩阵 C_h 和纹理变量 μ 乘积得到。因此，当纹理变量 μ 为常数时得到 Wishart 分布。当 μ 服从 Gamma 分布时，可以推导出协方差矩阵 C 满足 K 分布[40]，该分布能够很好地描述森林等区域。当 μ 服从逆 Gamma 分布时，协方差矩阵满足 G0 分布[42]，该分布不仅能够描述匀质区域，对极不匀质区域也能够进行很好地刻画。另外，当 μ 服从 Fisher 分布时，协方差矩阵满足 KummerU 分布[44]，该分布有两个形状参数，当参数满足一定条件时，可以退化为 G0 分布，K 或者 Wishart 分布。基于新的分布模型，又提出了基于 KummerU 分布的分类方法[44]。然而，参数估计是一个很困难的问题，最新提出的对数累积量估计方法[46]对参数估计有较好的效果，但计算复杂度仍然很大。2017 年，Fan 等[72]提出了基于 K-Wishart 分布的极化 SAR 地物目标检测算法，提高了异质地物目标检测精度；2017 年，Dong 等人[73]提出了一种极化 SAR 联合统计分布模型，该模型能够对极化特征进行有效建模，提高了异质地物的分类精度；2017 年，Song 等人[74]提出基于混合 WGΓ 模型的分类算法，该算法能够对地物分布进行准确描述；2019 年，Liu 等人[75]提出了基于块的 Wishart 混合分布模型，该模型加入局部空间信息，有效描述极化 SAR 图像块的分布，提高分类结果的区域一致性；2019 年，Wu 等人[76]提出了变分学习的 Wishart 混合分布模型，通过变分思想有效学习不同地物的分布参数，解决了参数学习困难问题，提高了分类性能。

第三类为结合散射特征和统计分布的分类方法[56,61,77-79]。该方法不仅结合了散射机理方法的优势，同时还根据数据分布进行迭代优化，得到更加精细准确的分类结果，Lee 等人[56]提出了 H/α-Wishart 分类方法，该方法基于 H/α 分类结果，使用 Wishart 距离测度进行迭代，得到精细的分类结果。2007 年，曹芳等人[80]将 SPAN 和 $H/\alpha/A$ 相结合进行初始分类，并使用 Wishart 分类器迭代，得到更加精确的分类效果。1992 年，小波框架被用于极化 SAR 数据分类算法中[81]。2001 年，Fukuda 等人[48]将支撑矢量机应用于极化 SAR 图像分类。2004

年，Lee 等人[77] 将 Freeman-Durden 分解和复 Wishart 分类器相结合，首先根据 Freeman-Durden 分解将极化 SAR 图像划分为三类,对每类都进行精细划分,再使用 Wishart 迭代进行优化，最后用颜色编码标记类标，该算法具有良好的收敛性，分类精细，类别个数选择灵活。2007 年，Zhao 等人[54] 将 Freeman-Durden 分解和散射熵进行结合，对极化 SAR 图像进行分类。2013 年，Wishart-Chernoff 距离[82] 被提出，并将其应用在极化 SAR 分类上，在层次分割中，使用 Wishart-Chernoff 距离进行合并，得到了较好的分类结果。

此外，一些基于图像处理的算法[44,83-85]也被广泛应用到极化 SAR 图像分类中。2007 年，Ersahin 等人[84] 将谱图划分思想应用到极化 SAR 图像上，构造了两阶段的图划分模型，首先利用图像的边缘能量特征进行第一次分割，再根据 Wishart 测度进行再次图划分。另外，层次分割算法也被用在极化 SAR 图像分类上[44]，并构造满足极化数据分布的测度。1996 年，Du 等人[86] 结合复 Wishart 距离和模糊 C 均值进行分类，另外，Tzeng 等人[87] 将复 Wishart 距离和模糊神经网络进行结合。2006 年，Ben Ayed 等人[88] 将水平集方法和最大似然方法相结合，得到有效的分割结果。2013 年，何楚等人[85] 将稀疏编码和极化小波特征进行结合，有效抑制了斑点噪声的影响，得到较好的分类结果。2014 年，王英华等人[89] 将低秩字典学习和稀疏表示相结合，用在极化 SAR 舰船检测上。2014 年，冯等人[52] 将稀疏表示和超像素相结合，进一步挖掘上下文信息，得到区域一致的分类结果。另外，基于马尔可夫随机场（Markov Random Field，MRF）的算法[42] 能够有效地刻画上下文信息，也在极化 SAR 分类上有广泛应用。最近，深度置信网也被应用到极化 SAR 图像分类中，并提高了分类性能[90]。2014 年，Zhang 等人[91] 通过将稀疏表示和极化特征相结合对极化 SAR 图像进行地物分类。2012 年，何楚等人[92] 提出了基于核 KSVD 的极化 SAR 图像分类方法。2015 年，候彪等人[93] 提出了多层分布编码模型对像素分布进行编码，并结合字典学习进行极化 SAR 地物分类。

近年来，深度学习模型被应用到极化 SAR 图像分类中，与传统的图像特征表示方法相比，深度学习[94] 能够学习图像的高层语义特征，能够有效表示异质地物[95] 的复杂结构，提高了分类性能[96-98]。2016 年，Jiao 等人[98] 提出了

Wishart 分布的极化 SAR 深度模型，该模型能够较好地学习极化 SAR 数据的分布和类别的关系，得到了较优的分类结果；2016 年，Liu 等人 [99] 提出了极化层次语义模型，能够将极化 SAR 图像进行语义划分，提高异质地物分类精度；2018 年，Wang 等人 [100] 提出了多层卷积 LSTM 的网络模型，对极化特征进行学习；2018 年，Shaunak 等人 [101] 通过合成目标数据集来增强网络生成能力，提高城区地物的分类效果；2018 年，Bi 等人 [102] 提出了基于图的半监督深度学习模型，通过将图模型和深度学习结合，有效学习图像的高层特征和边界信息；2019 年，Liu 等人 [103] 提出了极化卷积神经网络，该网络使用新的极化散射编码方式，有效学习极化 SAR 散射矩阵特性，提高分类精度；2019 年，Tushar Gadhiya 等人 [104] 提出了基于超像素驱动的优化 Wishart 深度网络，通过超像素加入空间信息，并减少计算复杂度，获得更优的分类结果；2020 年，Ren 等人 [105] 提出了分布和结构匹配的 SAR 图像生成对抗网络，将统计分布和空间结构联合考虑，学习 SAR 图像判别特征，提高分类效果；2020 年，Xie 等人 [106] 提出了半监督的复值卷积神经网络，利用少量训练样本学习复值数据判别特征，提高分类精度。

1.3.2 极化 SAR 图像分类的难点和挑战

随着雷达技术的发展，越来越多研究者开始研究极化 SAR 图像，极化 SAR 数据有多个极化通道，能够提供更加丰富的地物信息。极化 SAR 图像分类是极化 SAR 图像处理的核心任务之一，是极化 SAR 图像理解和解译的关键。但随着数据量的增多，极化 SAR 图像分类也存在一些难点和挑战，主要体现在以下 4 个方面。

(1) 数据繁多和斑点噪声问题：以极化相干矩阵表示，极化 SAR 数据每个像素点都是一个 3×3 的矩阵，每个元素均为复值数据，那么，一幅复杂的极化 SAR 图像包含大量数据和冗余信息，如何存储并从中提取地物的主要特征，成为极化 SAR 图像分类的一个难点。另外，极化 SAR 数据是由地物目标对雷达发射的电磁波的后向散射回波得到，根据成像机理，极化 SAR 图像存在无法消除的相干斑噪声，使得一些地物的信息发生随机变化，容易导致图像一些像素的错分。

(2) 数据不一致性问题：由于电磁波散射存在平面散射、二面角散射和体散射等，并且每个像素点都是由多种散射形式混合形成的，使得极化 SAR 成像存在地物和散射数据不一致的现象，即不同的地物可能会形成相同的后向散射，而相同图像的后向散射也不尽相同，这就给后期的分类带来了困难。根据极化 SAR 数据散射特性的分类方法很难对这种情况进行很好的分类。

(3) 异构和叠掩问题：对于一幅极化 SAR 图像，一般存在多种地物类型，如城区、海洋、森林、道路等，不同地物类型尺度不一、形状各异，一种分类方法很难将所有地物进行很好的分类。另外，建筑物和树木等地物存在形变和叠掩现象，由于雷达发射方式一般为侧视，因此靠近电磁波一侧的建筑物就能够进行电磁散射，城区和地物形成二面角散射得到较亮的值，而背对一侧不能进行散射，形成阴影。由于阴影的存在，使得建筑物形成亮区和暗区并存的现象，多种建筑物聚集一起形成城区，则城区内部就会出现亮暗并存的重复结构，由于亮暗之间的明显差异，使得现有的合并准则都难以将其合并为同一区域，因此，很难同时得到分类的区域一致性和细节保持。

(4) 语义鸿沟问题：图像分类是为了后续的图像理解和解译，对于一幅极化 SAR 图像，人们关注的并不是一个个单独的像素，而是像素形成的目标，图像分类的目的是将不同的地物目标区分开，相同的地物目标尽可能地分为一类。像素是一个个离散的点，没有具体的含义，当许多离散点聚集形成目标时，我们才能将其分为具体的目标类。而底层特征（如灰度）差异很大的离散像素点很有可能表示一个目标，这就是底层特征和高层语义的差异，也就是语义鸿沟问题。为了克服语义鸿沟问题，应该挖掘图像的语义信息。极化 SAR 图像作为一幅图像，含有一定的语义信息，如城区中建筑物聚集在一起，桥梁是一条直线，桥梁在水域上等。为了获得区域一致的目标分类，应该挖掘更高层的语义特征。

1.3.3 视觉认知模型发展现状

为了进行图像理解和解译，图像的语义分析是非常重要的，但传统的图像分析方法很少考虑语义问题，只是从图像数据上提取特征进行分析，其原因主要有两方面：①图像的底层特征与语义之间很难建立合理关联，描述目标时产生巨大的语义鸿沟；②语义本身具有表达的不确定性和多义性。目前，越来越多的视觉认知模型被提出，致力于解决以上语义鸿沟问题。

人类视觉系统能够对图像进行有效理解，视觉认知计算模型已经受到越来越多研究者的关注。最早的认知计算方法可以追溯到 20 世纪 40 年代维纳的控制论，以及 20 世纪 50 年代图灵的人工智能和香农的信息论。然而，早期的计算机视觉研究主要集中于积木世界的理解和底层视觉信息处理，但却缺乏理论指导。到 20 世纪 70 年代末，美国麻省理工学院（MIT）人工智能实验室的 Marr 提出了视觉计算理论，为视觉机理的研究提供了理论指导。随后，越来越多的视觉计算模型被提出。

目前，视觉认知的研究不再仅围绕初级视皮层的生物模型和计算模型研究，涉及到短时记忆、学习、整合加工等更深层次的研究。其发展主要有两条主线：生物视觉机制和视觉计算理论，生物视觉机制包括注意机制、颜色特征、感受野等，能直接用于建立视觉计算模型。基于认知机理，许多认知计算模型被提出。根据大脑皮层中下颞叶皮质对于视觉刺激响应的特性，Lowe 提出了 SIFT 特征[107]，该特征具有尺度和旋转不变性，被广泛用在特征提取中。后来，词袋模型被提出，该模型对 SIFT 特征进行聚类，构建更加高层的视觉字，形成视觉字典，来进一步表示图像。基于贝叶斯概率模型和推理，主题模型[108]被进一步提出，能够表示图像的语义含义。如今，深度学习成为非常流行的语义模型，因为其能模拟人类视觉认知机理，并很好地进行特征学习，在大数据上取得了显著的效果。

1.4 视觉计算理论和初始素描模型

随着计算机技术的发展，底层的特征学习已经不能满足人们对事物认知的需求，计算机发展的目标是像人脑一样对事物进行解译和理解。因此，更高层次的语义模型需要被挖掘，Marr 的视觉计算理论[109]为类脑计算的发展提供了理论基础，类脑视觉感知的研究为计算机模拟人脑计算提供了帮助，因此，基于计算视觉理论和大脑认知机理，初始素描模型、深度学习、主题模型等语义模型已经被提出来了。

1.4.1 Marr 视觉计算理论

计算机视觉早期研究主要是基于积木理论的，将多面体构成的场景和目标理解为线画图进行低层视觉信息处理。这些方法可以有效地处理光照变化和阴影等复杂情况，然而，由于缺乏科学理论指导，这些方法只是一些技巧的组合。到 70 年代中期，计算机视觉的研究陷入了瓶颈，同时学者对人类视觉的理解产生了分歧，即一种观点认为视皮层是视觉感知器，另一种观点认为视皮层是某种空间的 Fourier 分析器。然而这两种观点对不少实验都缺乏解释性。因此，迫切需要找到计算机视觉的理论依据和科学指导。在这种情况下，美国麻省理工人工智能实验室的 Marr 教授给出了 Vision 一书，该书是基于计算机科学、神经生理学、心理物理学、临床神经病学等研究成果基础上提出的视觉计算理论，为计算机视觉提供了理论依据。

Marr 的计算视觉理论给出了视觉认知的框架，在这个框架中，视觉处理过程是通过构建一组表象来表示信息的。如图 1.1所示，依据 Marr 的理论，从图像推得形状信息的过程分为三个表象阶段：初始简图（Primal Sketch）、2.5 维简图（2.5 Dimensional）和三维模型（3D Model）。第一步，在低层视觉阶段，主要是从图像中的变化和结构获取表象。这一步称为初始简图。第二步，对初始简图进行一系列的几何特征提取和计算，得到 2.5 维简图，该简图用于表示图像几何特征的表象。第三步是以物体为中心，对物体表面性质的描述，为三维模型。

图 1.1　Marr 视觉理论认知过程

初始简图的获取包括两个阶段：未处理的初始简图和完全初始简图。为了检测亮度变化，需要设计最优滤波器。最优滤波器应该是个微分算子，并且能够被调制到任意尺度，高斯滤波器恰好是满足条件的边线检测滤波器。使用不同尺度的滤波器对图像进行边线检测，为了对不同尺度进行选择，得到准确的边缘信息，应使用过零点理论，不同通道进行合并得到未处理的初始简图。然而，这只是局部信息，为了获得更大尺度的轮廓和区域，格式塔理论被应用形成线、曲线、形状、区域等更抽象的描述。

1.4.2 初始素描模型

Marr 给出了初始简图的理论描述，然而并没有给出数学模型和实现过程。基于 Marr 的视觉计算理论，Guo 等人[110]实现了初始素描模型。该模型将图像划分为可素描部分和不可素描部分，即

$$I = I_{\text{sk}} \cup I_{\text{nsk}} \tag{1-22}$$

其中，I 为一幅自然图像，I_{sk} 为图像的可素描部分，I_{nsk} 为图像的不可素描部分。可素描部分是基于稀疏编码理论形成一幅素描图。素描图由素描线段构成，素描线段表示图像中可辨识的结构，即图像变化的部分。初始素描模型是由两层 MRF 形成的生成模型，加入图规则进行优化。基于格式塔理论和 MRF 模型，Guo 等人[110] 给出了初始素描模型的数学表达式，即

$$p(I,S) = \frac{1}{Z} \exp(-\sum_{i}^{n} \sum_{(x,y)\in I_{\text{sk},i}} \frac{1}{2\sigma^2}(I(x,y) - B_i(x,y|v_i))^2 - \gamma_{\text{sk}}(I_{\text{sk}}) - \\ \sum_{j=1}^{m} \sum_{(x,y)\in I_{\text{nsk},j}} \sum_{k=1}^{K} \varphi_{j,k}(F_k * I(x,y)) - \gamma_{\text{nsk}}(I_{\text{nsk}})\} \tag{1-23}$$

其中，S 为提取的初始素描图，$B_i(x,y|v_i), i=1,2,\cdots,n$ 为稀疏编码函数，一般为边、点、线等。v_i 为编码函数的几何光照参数，m 表示不可素描区域的类别数，$\gamma_{\text{sk}}(\cdot)$ 和 $\gamma_{\text{nsk}}(\cdot)$ 分别表示可素描区域与不可素描区域的正则约束项，$\{F_k, k=1,2,\cdots,K\}$ 表示滤波器组。

素描图的提取过程为：首先使用高斯滤波器对自然图像进行卷积，得到边线能量图，然后使用非极大值抑制方法得到边图，并使用素描追踪算法[110]得到建议草图，最后评价素描线的编码长度增益，并进行素描线选择，得到素描图。

我们发现，初始素描图不仅是图像的一种稀疏表示，还为中层视觉提供了有意义的几何表示。图像表示的基元不再是像素点，而是有语义信息的素描线段。素描线段有长度、方向和位置信息，我们可以通过挖掘素描线段的空间关系和拓扑结构，得到更丰富的语义信息。

1.5 深度学习模型

如何模拟人类大脑对信息的表示和处理一直是人工智能发展的核心和具有挑战的问题。人们能够接收大量数据,并快速分析、提取其本质内容进行处理。如何让计算机像人类一样进行思考和数据分析一直是人工智能的重要任务。在 50 年前,Richard Bellman 提出了动态规划理论,能够在优化控制、高维数据处理上得到较好的应用。然而,随着数据维数指数增长,数据的处理难度增加,尤其是在模式识别的分类问题上,这被认为是维数灾难[111]。为了避免维数灾难的发生,需要进行维数约简。维数约简策略是特征提取,因此,维数约简问题就变成了如何进行有效的特征提取[112]。

最近,神经科学家发现了人类对信息表示的过程,其中重要的是神经元,这些神经元有认知能力,不仅能够对信息进行预处理,还能够有层次地进行传播,得到更高层的信息表示[113,114],这个发现推动了深度学习的发展。传统的神经网络通过单层的学习进行分类,不能很好地对数据进行表示。随着计算机硬件的发展和技术的成熟,深度学习应运而生。它由多层神经网络构成,每层的每个节点都为一个神经元,层与层之间由权值连接,旨在通过深层网络的学习来对数据进行深度表示。深度学习的主要模型有:卷积神经网络[115,116]、深度置信网络[117]、深度 Boltzmann 机[118]、深度自编码[119]及其他网络[120-125],这些深度模型能够有效地学习高维数据的特征表示。下面对主要的深度模型分别进行介绍。

1.5.1 卷积神经网络

受视觉系统结构的启发,Hubel 和 Wiesel[126]提出了卷积网络模型。1980 年,Fukushima[127]在神经认知中发现了最初始的计算模型,该模型是基于神经元间的局部连接,并按层次组织起来的。随后,Le Cun 使用梯度下降方法设计训练了卷积神经网络[115,128],并在模式识别任务上获得了很好的效果。卷积网络和现代理解的视觉系统物理特性相一致。目前,卷积神经网络是模式识别系统中性能最好的模型之一,尤其在手写体识别上[115]具有很大优势。

卷积神经网络[115,116](Convolutional Neural Network,CNN)是专门为二维

数据设计的多层神经网络,如图像或者视频,通过权值共享策略减少了计算复杂度。对于输入的一组图片,第一层网络得到图像的底层特征,然后逐层传播学习更高层次的特征。对上一层的特征,使用多个滤波器进行卷积,并通过激活函数得到下一层的特征,如方向、边、角等。另外,反向传播机制使得卷积神经网络能够减小误差,进而学到更好的权值。

1.5.2 深度置信网络

深度置信网络(Deep Belief Network,DBN)是最成功的非卷积结构模型之一。2006 年,深度置信网络开始发展,受到人们的广泛关注。由于其他深度模型结构复杂、函数不连续、非凸等问题,很难得到全局最优解,一般通过构造凸目标函数的核学习进行研究。深度置信网被证实是优于核支撑向量机的深度结构,其性能在 MNIST 数据集上得到验证[129]。

深度置信网是包含几层隐变量的概率生成模型,隐变量是二值变量(0 或 1),可视节点可以为二值变量或实数。通常将每层节点和邻接层节点进行全连接,也可以构造成稀疏 DBNs。前两层的连接是无向的,其他层的连接为有向的。DBNs 是由多个限制玻尔兹曼机(Restricted Boltzmann Machines,RBM)组成,RBM 第一层为可视层,即输入数据层 (v),第二层是隐层 (h),若节点都是二值变量,且全概率分布 $p(v,h)$ 满足 Boltzmann 分布,则这个模型为 RBM。若增加隐藏层数,每层使用 RBM,则可得到深度玻尔兹曼机,另外,若在靠近可视层处使用贝叶斯置信网络,而在远离可视层部分使用 RBM,则该网络为深度置信网络。

1.5.3 深度自编码

有监督的学习方法是人工智能最有效的方法之一,在语音识别、自动驾驶、目标检测等方向有广泛的应用,能够有效提高计算机的理解能力。然而,尽管有监督的算法取得重大成功,但对其使用仍有一些限制。例如,一些算法仍然需要人为给出好的特征和训练样本,才能够表现优异性能。但在大多数情况下,我们只有少量样本或根本无法获取训练样本,也没有人工挑选的特征,那么有监督的算法将难以使用。此外,为了减少人工参与,我们希望算法能够自动学习数据的有效特征。因此,无监督的学习方法依然受到人们的广泛关注。

深度自编码 [130] 就是一种无监督的学习数据特征的方法，通过使目标输入等于输出来构建函数，使用 BP 算法进行优化求解。单层自编码是输入层–隐层–输出层的一种网络结构，层与层之间有权值连接，通过假设输入和输出相等，训练网络参数，得到网络权值。加入多个隐层，并将其连接起来就构成了深度自编码，每层都是输入的一种表示。为了学习到输入数据的最主要特征，一般通过限制隐层单元个数，这相当于一个数据压缩过的层，每层都比前一层单元个数少，相当于降维操作，这样不断抽取数据的结构信息。此外，我们也可以通过引入其他限制，如图像的结构是一种稀疏表示。我们可以加入稀疏约束，使得每个节点只与前一层某些节点有关系，从而缩短训练时间，并有效学习数据结构。另外，也可以加入噪声，使学得的网络性更强。

1.6 本书的贡献和内容安排

极化 SAR 图像不仅含有丰富的极化信息，而且存在图像结构和语义信息。针对极化 SAR 分类遇到的挑战问题，我们对数据统计分布进行研究，对图像语义关系进行分析，提出了新的层次语义模型，并根据数据特性和语义模型提出了几种新的极化 SAR 分类模型。本书致力于解决极化 SAR 地物分类中的语义鸿沟等问题，旨在得到语义一致的地物目标区域，并对边界细节进行精细划分。

各章内容安排如下：

第 1 章，绪论阐述了本论文的研究背景以及极化 SAR 数据的表示形式和分布模型，对当前极化 SAR 图像分类方法的研究现状和发展趋势进行总结，并对现有极化 SAR 图像分类方法遇到的挑战问题进行分析。

第 2 章，提出了一种新的基于极化机理和梯度学习的极化 SAR 边线检测方法。本章提出了一种新的极化 SAR 边线检测算法，为更精确地提取素描图和图像分类提供基础。传统的极化 CFAR 检测算法通过使用 Wishart 分布，能够较好地抑制斑点噪声，然而，难以检测异质区域的边界细节，如城区内部的细道路等，这是由于在异质区域，滤波器内像素已经不再满足一致性假设。为了克服这个缺点，本章将极化 CFAR 检测算法和加权梯度检测算法的边线能量图进行融合，综合两种算法的优势，既能够抑制噪声，又能检测细节结构。另外，由于两种检测结果图的分布不同,我们使用小波变换进行融合,定义语义规则来保持两种算法优势并抑制缺点。另外,设计降斑策略抑制加权梯度检测算法产生的噪声。实验结构表明该算法不仅能够检测弱边界,也能够保持异质区域细节结构。

第 3 章,提出了一种新的极化层次语义模型。针对城区、森林等聚集地物具有亮暗变化的结构,传统方法很难将其分为语义一致的区域,本章提出了层次语义模型。聚集地物是指由地物目标聚集扎堆形成的地物类型,如城区、森林等。该层次语义模型深度挖掘了极化 SAR 图像的两层语义,第一层是极化素描图,将极化 SAR 图像的结构用素描线勾勒出来,是极化 SAR 图像的稀疏表示。第二层是区域图,该图能够将极化 SAR 图像划分为聚集、结构和匀质三种结构类型区域。聚集区域是指城区、森林等地物区域,该区域由地物目标聚集扎堆形成。结构区域是指边界或线目标区域,这些区域需要精细分割。而匀质区域指农田、海洋等含有大片一致性地物的区域。这样,对不同区域的特征进行挖掘,能够有针对性地进行分类。

第 4 章,提出了一种基于层次语义模型和极化特性的极化 SAR 地物分类方法。通过第二章提出的层次语义模型,我们能够将极化 SAR 图像划分为三种不同的结构类型区域。由于这三类区域特征差异大,且分类侧重点不同,我们对不同的区域,结合极化散射特性,设计不同的分割方法,对聚集区域直接合并和定位边界,对结构区域进行边界精细,对匀质区域进行层次合并,这样得到区域一致性好且边界精细的语义分割结果。另外,我们结合散射特性的极化 SAR 图像分类方法,设计极化-语义分类器,对每个分割区域赋予类别信息。真实的数据验证了该算法的有效性。

第 5 章,提出了一种基于素描图和自适应 MRF 的极化 SAR 地物分类方法。MRF 是一种有效的极化 SAR 图像分类工具。然而,由于缺乏合适的上下文信息,对于传统的 MRF 方法,边界保持和区域一致性通常是分类的一对矛盾。为了解决该矛盾,得到区域一致性好且边界保持的分类结果,本章提出了一种新的自适应 MRF 框架。根据第二章的层次语义模型,我们知道极化素描图能够提供边界位置信息和边界方向,这些信息能够指导邻域结构的选择。极化素描图将极化 SAR 图像划分为结构和非结构两部分,对不同的部分分别学习自适应的邻域结构。具体地，对结构区域，为了保持结构细节，我们构建了加权的几何结构邻域块。对非结构区域，为了提高区域一致性，构建最大一致区域作为自适应的邻域。实验结果表明本章算法能够获得更好的区域一致性和边界保持。

第 6 章，提出了一种基于深度学习和层次语义模型的极化 SAR 分类方法。针对复杂场景的极化 SAR 图像，堆叠自编码模型能够自动学习图像结构特性，有效表示城区、森林等复杂地物的结构，然而，对图像边界和细节却难以保持。本文首次将深度学习和层次语义模型结合，应用在极化 SAR 图像的分类上，提出了一种新的无监督的深度学习方法。该算法不仅克服了深度学习的缺点，同时根据不同区域的特点进行分类，得到区域一致性好且边界精准的分类结果。该方法有三个创新点：首先，我们结合深度学习和层次语义模型，将极化 SAR 图像分为聚集、结构和匀质三种结构类型区域。其次，对聚集区域，本书采用深度自编码进行特征学习。自动学习复杂地物的结构，并构建字典对区域进行稀疏特征表示，然后，用谱聚类进行划分。最后，对匀质区域，本书提出采用基于 Wihsart 似然测度的超像素合并策略，将匀质区域进行合并。对结构区域，进行边界定位和线目标选择。三幅真实的极化 SAR 图像用来进行实验，实验结果表明该方法不仅能够得到一致的区域，同时能够保持边界。

第 2 章 极化 SAR 边线检测算法

2.1 引言

与单极化 SAR 图像相比，全极化 SAR 图像[9]能够提供更多信息，近几年，已经引起越来越多研究者的关注。针对更多、更复杂的信息和高分辨的数据，急需挖掘更加智能有效的极化 SAR 图像处理方法。作为图像处理的基础，边线检测能够为后续的目标识别和图像理解提够有效的结构信息。然而，受斑点噪声的影响，获得精确的边界是有一定难度的。

几十年来，已经提出了许多极化 SAR 边线检测算法[131-137]。例如，为了抑制伪边界，基于 Curvelet 的边线检测算法[131,132]被提出，这些方法利用 Curvelet 变换抑制噪声，得到粗糙的边界区域。然而，会丢失一些细节信息。在 2013 年，Roy 等人[133]提出了基于最大特征值的边线检测算法，该算法考虑极化数据特性，能够得到较好的检测结果，但计算复杂度太高。另外，通过利用极化信息，基于极化白化滤波的边线检测方法[134,135]也被提出。极化 SAR 边线检测的另一种思路是对不同极化通道分别进行边线检测，最后融合检测结果[136]。然而，由于这种检测算法没有考虑全极化信息和统计特性，对噪声较敏感，容易得到伪边界。为了考虑极化 SAR 相干斑的统计特性，Jesper Schou 等人提出了极化常虚警率（Constant False Alarm Rate，CFAR）检测算法[137]，该算法充分考虑了极化 SAR 数据的统计分布特性，有效抑制了斑点噪声。

为了考虑斑点噪声，我们关注极化 CFAR 检测算法，因为它能够很好地抑制伪边界。然而，极化 CFAR 检测算法也有一些局限性。通过大量实验我们发现，该算法不能有效地检测异质地物类型的细节结构，如城区中较窄的道路。这是因为在异质区域中，像素很难满足区域一致性假设，因此，Wishart 似然比很难适用于异质区域的边线检测。

为了克服该缺点，我们提出了一种新颖的极化 SAR 边线检测算法，该算法通过融合极化 CFAR 检测算法和梯度检测算法的优势，可得到更好的检测结果。梯度检测算法 [138] 能够很好地检测异质区域中的亮暗变化。另外，我们使用各向异性高斯核对梯度滤波器进行加权，可以模拟人眼视觉的感知特性，更好地进行边线检测。然而，由于梯度检测算法没有考虑斑点噪声，很容易产生一些伪边界。因此，为了融合极化 CFAR 检测算法和梯度检测算法的优势，并抑制斑点噪声的影响，应该选择合适的融合策略。对于已有的一些融合函数 [138,139]，通常通过修正两个边缘能量图的范围，直接进行融合。然而，由于两幅图像分布不同，因此这些方法很难进行准确融合。我们发现，基于小波分解的融合策略 [140-142] 能够在频域有效地融合两幅图像，因为经过小波变换后，每个子带都有相似的分布。

本章提出一种新颖的基于小波融合的边线检测算法，该算法融合了极化和梯度信息，与传统的边线检测算法相比，该算法主要有三大优势：① 它融合了极化 CFAR 边线检测算法和加权梯度检测算法，并提取它们的优势；② 利用小波变换融合两个不同分布的边缘能量图，并定义语义规则进行融合；③ 为了抑制梯度能量图的斑点噪声的影响，在小波域使用降斑策略。实验结果表明，提出的算法不仅能够检测弱边界，还能对异质区域的边线进行有效的检测。

本章内容组织如下：相关工作和动机在第 2.2 节讲述，第 2.3 节介绍本章提出的算法，第 2.4 节为实验结果和分析，第 2.5 节为本章小结。

2.2 极化 CFAR 检测算法

本节重点介绍极化 CFAR 检测算法及其优缺点。

2.2.1 极化 CFAR 检测算法的基本概念

本章使用极化 CFAR 检测算法 [137] 进行边线检测，因为它是一种统计测试方法，通过考虑斑点噪声分布模型，有效地抑制噪声影响。另外，通过构建两个边滤波器并使中间重合得到线检测滤波器。另外，由于极化 SAR 地物是多尺度、多方向的，因此我们构建了多尺度、多方向的 N_f 个滤波器。边和线滤波器如图

2.1(a) 和 (b) 所示。边线滤波器的配置为 $K_f = \{l, w, s, \theta\}$，这几个参数分别为滤波器的长度、宽度、内部间隔和方向。对于边滤波器，s 是单像素宽。对于线检测，通过改变 s 的大小来检测不同宽度的线目标。滤波器中，两区域的相似性通过 Wishart 似然比 [137] 来测量。对每个滤波器进行配置，像素的边和线能量可以写为

$$E_{\text{edge}} = \max \{-2\rho \log Q_{12}\}_{N_f} \tag{2-1}$$

$$E_{\text{line}} = \max \{\min\{-2\rho \log Q_{12}, -2\rho \log Q_{13}\}\}_{N_f} \tag{2-2}$$

其中

$$\rho = 1 - \frac{2p^2 - 1}{6p}(\frac{1}{n} + \frac{1}{m} - \frac{1}{n+m}) \tag{2-3}$$

$$Q_{ij} = \frac{(n+m)^{p(n+m)}}{n^{pn}m^{pm}} \cdot \frac{|Z_i|^n |Z_j|^m}{|Z_i + Z_j|^{n+m}} \tag{2-4}$$

其中，Q_{ij} 是 Wishart 似然比，Z_i、Z_j 分别为区域 i 和 j 的平均协方差矩阵，n 和 m 分别为滤波器两个区域的视数，p 是通道数。从式 (2-1) 可以看出，边缘能量随着 Wishart 似然比的减小而增大。式 (2-2) 为线目标检测公式，可以看出当一个中心区域的两边都能检测到高的边能量时，该区域为一个线目标。求不同尺度、不同方向的能量 E 的最大值，得到极化边线能量图。

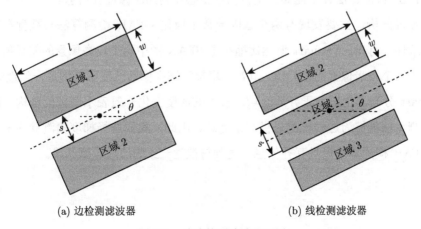

(a) 边检测滤波器　　　　　　　　(b) 线检测滤波器

图 2.1　边线检测滤波器配置

另外，$-2\rho \log Q$ 的渐进分布为

$$P\{-2\rho \log Q \leqslant z\} \sim P\{\chi^2(f) \leqslant z\} + w_2 \left[P\{\chi^2(f+4) \leqslant z\} - P\{\chi^2(f) \leqslant z\} \right] \tag{2-5}$$

其中，参数 f、w_2 定义为

$$f = p^2 \tag{2-6}$$

$$w_2 = -\frac{f}{4}\left(1 - \frac{1}{\rho}\right)^2 + \frac{f(f-1)}{24} \cdot \left(\frac{1}{n^2} + \frac{1}{m^2} - \frac{1}{(n+m)^2}\right)\frac{1}{\rho^2} \tag{2-7}$$

$-2\rho \log Q$ 的范围是 $[0, \infty]$，其中，当 $\boldsymbol{Z}_i = \boldsymbol{Z}_j$ 且 $m = n$ 时，$-2\rho \log Q = 0$。

2.2.2 极化 CFAR 检测算法的缺点

图 2.2(a) 是旧金山地区的 SPAN 图，SPAN 图是协方差矩阵的对角线元素之和，由于 SPAN 数据的大部分值都比较小，而只有其中一少部分的值很大，因此，为了更好地进行可视化，对 SPAN 图进行对数变换后并展示。图 2.2(b) 是三个尺度 18 个方向的极化边线滤波器。图 2.2(d) 是使用极化 CFAR 检测算法得到的极化能量图，可以看出，极化 CFAR 检测算法能够很好地描述两类地物的边界，尤其是对灰度变化小的弱边界。然而，它对城区等亮暗变化明显的内部结构很不敏感，难以检测到。但实际上，人类视觉对城区内部的灰度变化是非常敏感的，这些变化的地方通常为建筑物和道路的边界。因此，使用 Wishart 测度的极化 CFAR 检测算法并不能够完全检测视觉感知到的图像边界信息。

经过分析，主要发现有两个原因导致了极化 CFAR 检测算法与视觉观测的不一致性。首先，Wishart 似然比缩小了 SPAN 图中两个较亮像素的差异值，而放大了两个较暗像素的差异值。其次，聚集区域内像素已经不再满足一致性假设，Wishart 分布不再适合于异质区域。较大的灰度变化一般表示图像的结构，而梯度检测算法能够为边线检测提供判别信息。因此，我们选择梯度检测算法来为极化 CFAR 检测算法提供互补信息，达到与视觉一致的边线检测结果。

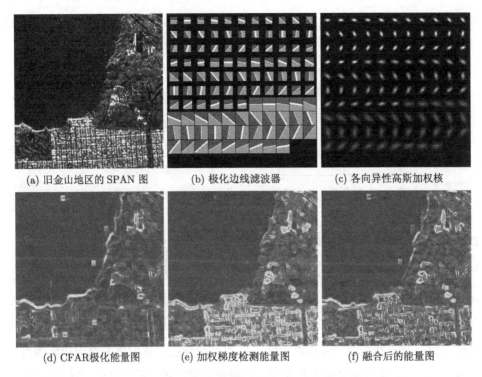

图 2.2 极化 CFAR 边线检测算法示例

2.3 融合极化机理和梯度学习的极化 SAR 边线检测算法

作为一种似然比的算法,极化 CFAR 检测算法已经被广泛应用在边线检测中。该算法能充分利用极化散射信息和统计特性,却难以检测异质区域内部的结构。这是因为异质区域的滤波器内部不再是一致的区域,另外,似然比会减小强边缘能量而增大弱边缘能量。另一方面,极化 SAR 数据作为一幅图像,也含有结构和空间信息。加权梯度检测算法能够为极化 CFAR 检测算法提供互补信息。因此,考虑极化信息和图像信息,本章提出一种混合的极化边线检测算法。

提出的边线检测算法流程如图 2.3 所示,首先分别使用加权的极化 CFAR 检测算法和加权梯度检测算法对极化 SAR 数据进行边线检测,分别得到极化能量图和梯度能量图。然后,使用小波框架对这两个能量图进行融合,得到融合的边线检测图。该图融合了极化 CFAR 检测算法和加权梯度检测算法的优势,并克服了它们的缺点。

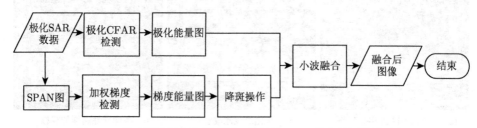

图 2.3 融合极化机理和梯度学习的极化 SAR 边线检测算法流程

2.3.1 基于 SPAN 图的加权梯度边线检测

为了更好地检测 SPAN 图的灰度变化,构造了基于 SPAN 图的加权梯度检测算法。首先,使用精致 Lee 滤波[143]来降低噪声的影响。对于极化 SAR 数据,相干矩阵的对角线元素已经被证明是乘性噪声[144],由于 SPAN 数据是相干矩阵对角元素之和,因此也满足乘性噪声,经过对数变换,我们将乘性噪声转换为加性噪声。这样,加权梯度检测算法对加性噪声是适用的,可以用来检测 SPAN 图。我们使用多尺度、多方向的滤波器进行梯度检测,另外,采用各向异性高斯加权核对滤波器进行加权,这样可以使得靠近边界像素有更大的权值,更加符合人眼视觉的检测。此外,对于非常接近的两条边,会将其检测为一个线目标。因此,加权梯度边线检测算法的边缘能量定义为

$$S_{\text{pan}_{\text{edge}}} = |\mu_i - \mu_j| \tag{2-8}$$

$$S_{\text{pan}_{\text{line}}} = \min\{|\mu_i - \mu_r|, |\mu_j - \mu_r|\} \tag{2-9}$$

其中

$$u_i = \sum_{k=1}^{n} w_k I_k \tag{2-10}$$

其中,u_i 是区域 i 的加权均值,r 是线检测的中间区域,I_k 是区域 i 中像素 k 的灰度值,w_k 是像素 k 对应的权值,$S_{\text{pan}_{\text{edge}}}$ 和 $S_{\text{pan}_{\text{line}}}$ 分别是边线梯度响应值。

图 2.2(e) 是加权梯度检测能量图,各项异性高斯加权核如图 2.2(c) 所示。可以看出,加权梯度检测算法能够有效地检测城区内部的结构,但是对弱边界并不

敏感。另外，受斑点噪声的影响，会出现一些伪边界。因此，融合极化和梯度信息是非常重要的，能够更好地检测图像的边界和结构细节。

2.3.2 基于语义规则的小波融合

为了融合极化 CFAR 检测算法和加权梯度检测算法的优势，并克服它们的缺点，构造合适的融合策略是非常重要的。由于这两种算法得到的能量图的分布不同，组合两个能量图的优势可以看成图像融合问题。图像融合的目的在于通过融合不同源图像的互补信息，得到一个更高质量的融合后的图像，该图像能够获取更多的有效信息，并去除噪声。我们把通过极化 CFAR 检测算法和加权梯度检测算法得到的两个图像作为源图像，首先将其归一化到 [0, 255] 区间内。融合的目标是得到更好的能量图，该图能够在两个图的边界位置得到最大值，并抑制非边和伪边的值。

在过去几十年内，研究者已经提出了许多基于像素级的图像融合方法[138–142]。作为多分辨分析的主流方法，小波变换已经被广泛应用到图像融合中[145]。小波变换可以在多尺度上融合图像细节，并有可用的快速算法。由于两个源图像的分布不同，直接融合它们是不合适的。在小波域中，不同子带有相似的分布，因此，可以直接进行融合。这里，我们使用离散小波变换（Discrete Wavelet Transform，DWT）对两个能量图进行融合。另外，受噪声影响，加权梯度能量图含有一些伪边界和噪声引起的高能量值。首先我们应该对梯度能量图进行去噪操作。小波融合过程如图 2.4 所示，主要包括两个步骤：① 对两个能量图使用 DWT，然后，对梯度能量图的小波系数进行去噪；② 使用提出的融合策略对两个能量图的小波系数进行融合，并进行逆变换得到融合后的能量图。

由于梯度能量图包含一些伪边界，因此在融合之前对梯度能量图去除伪边界是非常重要的。通过小波变换，我们设计去噪策略对小波系数进行去噪，通过设定高频系数的阈值对低于阈值的系数归 0。阈值是通过一种无监督的算法[146] 自适应选择的。

图像融合的核心是融合策略。我们的目标是增强边界信息，并抑制非边信息。在小波域中，许多融合策略已经被提出，如选择最大系数、求小波系数方差等作为融合后的小波系数。然而，统一的融合策略难以很好地优化所有目标，因为我们期望增强边界信息而抑制背景,这两个目标是矛盾的,很难用统一的策略同时使矛盾的两个目标达到最优。简单地使用最大值策略会引起粗糙的背景和伪边界。因此,在边区域和非边区域应该使用不同的融合策略。

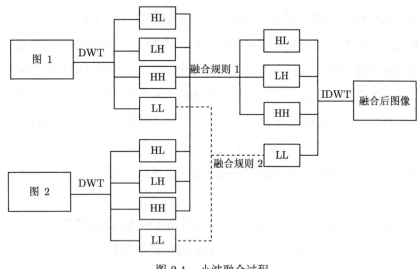

图 2.4 小波融合过程

在本章算法中,我们提出了两种不同的语义规则分别对高频系数和低频系数进行融合。对于高频系数,选择最大值作为融合后的系数,因为边界信息都在高频系数中,选最大值可以增强边界信息。对于低频系数,选择均值来抑制背景和噪声,融合规则定义为

$$F_{\text{high}} = \max(E_{\text{high}}^1, E_{\text{high}}^2) \tag{2-11}$$

$$F_{\text{LL}} = \frac{1}{2}(E_{\text{LL}}^1 + E_{\text{LL}}^2) \tag{2-12}$$

其中,high 包括三个高频子带 (HH、HL 和 LH)。F_{high} 和 F_{LL} 分别表示高频和低频子带融合后的能量值。E^1 和 E^2 分别表示 CFAR 能量图和梯度能量图对应的小波系数。

式 (2-11) 融合了 CFAR 能量图和梯度能量图高频子带的最大能量值,这是因为高频子带表示边线的位置。在 CFAR 能量图中只有两种含义:边和非边。两个图的边信息不是完全相同的,且是互补的,这些信息都被包含在高频子带中。因此,在高频子带中将最大值作为融合策略。使用该策略,融合后的图像得到了极

化和梯度的边线信息。对低频子带，我们采用式 (2-12) 来抑制非边信息。对低频子带选用均值融合策略，这是因为均值能保存图像大部分能量，并平滑非边区域的噪声。通过融合图 2.2(d) 和图 2.2(e)，得到了融合后的图 2.2(f)。可以看出，在融合后的图像中，弱边界和城区内部结构都得到了增强。

2.4 实验结果和分析

2.4.1 实验设置

为了验证本章算法的有效性，我们对来自不同波段不同传感器的两幅极化 SAR 图像分别进行测试。第一幅是来自 AIRSAR 卫星拍摄的 L 波段旧金山地区的子图，它们为 4 视全极化 SAR 数据。第二幅是 RadarSAT-2 卫星拍摄的 C 波段国内某地区的全极化 SAR 数据，该图像的分辨率为 8m。它们的共同点是极化 SAR 图像都是复杂场景，含有多种异质地物类型，如城区、森林等。

对于所有实验，将滤波器均设置为 3 个尺度 18 个方向，这样可以更好地描述不同尺度和不同方向的地物类型。另外，选用三层小波变换来获得多尺度信息，进行小波融合。所有实验在 Intel Core i3 CPU 和 4G RAM 的计算机上运行。

为了验证本章算法的性能，与 4 种相关的边线检测算法进行对比。4 种对比算法分别为：① 极化 CFAR 边线检测算法 [137]；② 基于 SPAN 图的加权梯度边线检测算法；③ OPCE-ROA 算法 [133]；④ 基于 PWF 的算法 [134]。

2.4.2 L 波段旧金山地区实验结果和分析

本节选取旧金山地区极化 SAR 子图进行实验，图像大小为 180 像素 × 200 像素。旧金山地区的极化 SAR 伪彩图如图 2.5(a) 所示，图中主要有城区和森林两种地物类型，且森林内部有一个高尔夫球场。

边线检测的目的是检测到亮暗变化的边界，通过并抑制噪声。图 2.5(b) 是通过极化 CFAR 检测算法得到的 CFAR 能量图，图 2.5(c) 是通过加权梯度检测算法得到的梯度能量图。可以看出，极化 CFAR 检测算法能够很好地检测弱边界，如高尔夫球场。然而，它很难检测到城区内部的结构变化，如建筑物和比较窄的道路形成的亮暗变化。另外，加权梯度检测算法能够很好地检测城区内部的结构变化，但对弱边界的响应很弱。因此，我们需要融合这两种检测算法，将信息互补，得到更好的边线检测结果。

图 2.5(d) 是用本章提出的算法得到的边线能量图。可以看出，该算法不仅能够保持极化 CFAR 检测算法得到的弱边界，还能够获得加权梯度检测算法得到的城区内部边线能量。另外，在融合后的能量图中，噪声引起的伪边界得到了有效抑制。其他两种对比算法结果如图 2.5(e) 和图 2.5 (f) 所示。应该注意的是，我们使用对数变换后的值来显示这两幅能量图，这是因为大部分能量值都太小，只有很少部分的能量值太大，难以观察出大部分地区的能量差别。对数变换后，对比算法能够检测城区和弱边界，但是，城区和森林部分出现许多噪声点，这些噪声会形成伪边界。与其他算法相比，本章提出的算法不仅能够有效抑制斑点噪声的影响，还能够很好地检测异质区域结构和弱边界。

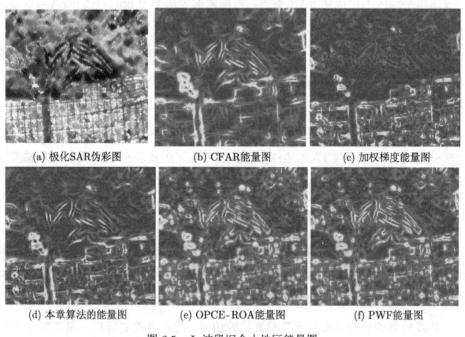

(a) 极化SAR伪彩图　　(b) CFAR能量图　　(c) 加权梯度能量图

(d) 本章算法的能量图　　(e) OPCE-ROA能量图　　(f) PWF能量图

图 2.5　L 波段旧金山地区能量图

另外，本章提出的算法与 4 个对比算法在图 2.5(a) 上的运行时间如表 2.1 所示。可以看出，加权梯度检测算法运行最快，其他算法都较慢，这是因为其他算法需要进行矩阵求逆操作，该操作比较耗时，然而通过考虑极化 SAR 数据特性，本章提出的算法能够得到更好的检测结果。

表 2.1　不同算法的运行时间

时间：s

	极化 CFAR 检测算法	加权梯度检测算法	OPCE-ROA 算法	PWF 算法	本章提出的算法
时间	412.5	68.41	387.6	435.2	512.4

L 波段旧金山地区边图如图 2.6 所示。

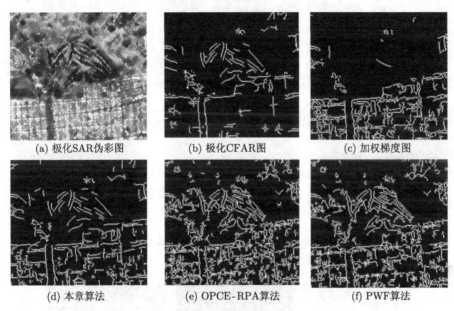

图 2.6　L 波段旧金山地区图

2.4.3　C 波段极化 SAR 图像实验结果和分析

国内某地区伪彩图如图 2.7(a) 所示，图像大小为 512 像素 × 512 像素，图 2.7(a) 的左上角为城区，沿着城区有一条河（渭河）。在图 2.7(a) 的右上角，有三座桥梁横跨河上，平行于桥梁的是一条铁路。另外，图 2.7(a) 的右下角有一些村庄和裸地。在图 2.7(a) 的右边有一条小河，图中有很多细节和边界。图 2.7(a) 右侧给出了 SPAN 图中城区和河流的细节部分。

CFAR 能量图和加权梯度能量图分别如图 2.7(b) 和 (c) 所示。我们可以看出，极化 CFAR 检测算法能够得到两种地物之间的边界，尤其是沿着河流的弱边界。而加权梯度检测算法能够得到城区内部的细节结构，因此，通过融合这两种算法，可以得到融合后的能量图如图 2.7(d) 所示。可以看出，融合后的能量图既能得到弱边界，又能获得城区内部细节。另外，加权梯度能量图的噪声也得到了抑制。两种对比的算法如图 2.7(e) 和 (f) 所示，图中为对数变换后的显示结果，可以看出，这两种对比算法会产生斑点噪声，特别是在河流内部。另外，对应的边图如图 2.8 所示。

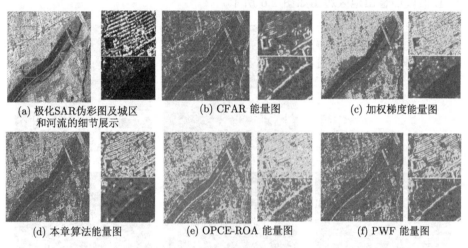

图 2.7　C 波段国内某地区能量图

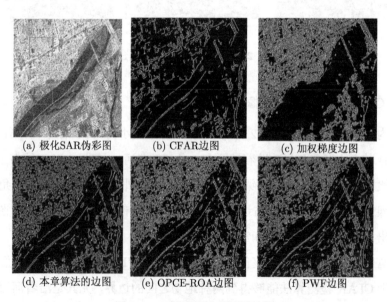

图 2.8　C 波段国内某地区边图

2.5 本章小结

在本章中,我们提出了一种新的混合边线检测算法。该算法针对极化 CFAR 边线检测算法的缺点,通过融合极化 CFAR 检测算法和加权梯度检测算法,优化边线检测结果。本章使用小波变换进行融合,并对不同波段定义了语义规则。另外,为了去除伪边界,我们在小波域对噪声进行抑制。在几组真实的极化 SAR 数据上进行测试,验证了本章算法的有效性。

第 3 章 极化 SAR 图像的视觉层次语义模型

3.1 引 言

极化 SAR 地物分类是图像处理的一个重要环节，是进一步进行极化 SAR 图像理解的基础[143]。极化 SAR 分割或地物分类的关键与难点是同一地物的区域一致性和不同地物之间的边界保持性。人们提出各种方法对极化 SAR 地物进行分类，如文献 [143] 所述，可以总结为三种：① 基于统计模型的分类方法；② 基于电磁波散射机理的分类方法；③ 基于图像处理的分类方法。

基于统计模型的方法 [49,53,68,70,71,86,147,148]：根据单视极化散射矩阵满足复高斯分布[149]，Kong 等人[68] 提出了基于复高斯分布的距离测度进行最大似然分类；Yueh 等人[70] 和 Lim 等人[71] 对其进行扩展，应用到归一化的极化 SAR 数据，van Zyl 和 Burnette[53] 对其做了进一步的扩展。多视极化 SAR 数据可以表示为极化协方差矩阵的形式，由于极化协方差矩阵满足复 Wishart 分布，Lee 等人[49] 提出了有监督的极化 SAR 图像分类，这种方法通过最大化协方差矩阵的概率密度函数得到统计最优分类，但是需要选定训练集。在实际应用中，SAR 图像类别难以得到，先验知识也非常少，通常采用无监督分类方法来进行聚类。

基于电磁波散射机理的方法有很多，为了有效提高极化 SAR 图像的分类效果，人们提取各种能够表征地物特性的极化散射信息用于分类。1989 年，van Zyl[57] 提出将地物分为奇次散射、偶次散射和体散射。1997 年，Cloude 等人[29] 首先提出了 H/α 分类方法，该算法通过目标分解得到了地物散射熵 H 和散射角度 α，将 H、α 平面划分为表示不同地物散射类型的 8 个区域进行分类，实现了无监督的极化 SAR 地物分类。1999 年，Lee 等人将散射机理的方法和统计分布相结合，在 H/α 分类方法的基础上引入 Wishart 分类器[29]，根据 H/α 分类方法的结果，引入 Wishart 分布进行迭代，提高了分类的准确度。2004 年，Lee 等人又提出了基于 Freeman 分解的分类方法 [77]，该方法首先使用 Freeman 目标分解，得到了三类，每类均是极化散射机理成分的一种，再对每类进行细分，通过基于 Wishart 分布的类合并与迭代修正，达到了精细分类的目的。而近年来，基于散射信息进行极化分类的文献 [150,151] 基本上是在这三种分类方法的基础上进行实验比较或简单修补的。与以往的分类方法相比，上述三种分类方法很好地利用了图像的散射特性和极化信息进行分类，不需要使用任何人工先验知识即可实现较好的分类效果。但基于像素点的分类依然存在很多缺点：① 同一地物的区域一致性不好，产生椒盐（脉冲）噪声式的分类结果图；② 基于像素点的分类方法不能处理极化 SAR 图像中的冗余信息。

针对基于像素点分类方法的不足，基于计算机视觉的图像分割方法越来越广泛地被应用在极化 SAR 地物分类上。Ersahin 等人 [84] 首先将谱图划分框架和相似性测度计算用到极化 SAR 数据。在文献 [152] 中，作者进行进一步改进，首先使用图像的轮廓信息和空间近邻信息对极化 SAR 图像进行分割，然后使用过分割块的平均协方差矩阵计算相似性，进行谱图划分，得到最终结果。与 Wishart 分类相比，分类结果的区域一致性得到改善。因此，极化特性和图像分割方法的结合很有必要。

对于复杂地物（如城区、森林等），由于地物本身的散射特性并不单一，具有一定的纹理结构，因此传统的分割方法不能很好地提取目标地物，只能将其分为一个完整的区域。图像分类的目的是将图像分为能够表示场景中的目标和背景等有意义的空间连续一致的区域，为后续的图像理解和目标识别提供帮助，目标地物不能被完整的分类会给识别带来很大的麻烦。对于低分辨极化 SAR 图像，聚集性地物以城区为例，虽然城区是由建筑物、道路等不同目标地物构成的，但从人们对图像理解的角度来看，这些目标都属于城区部分，应该属于一类，人类视觉具有整体性，能够将这些地物很快地识别为一类，但现有算法即使提取各种底层特征，使用各种地物合并的方法都很难将这些地物分为一类。底层特征的提取已经很难将这类地物很好地分为一类，基于图像语义的高级特征需要被进一步挖掘。

初始素描模型 [110] 是朱松纯在 Marr 的计算机视觉理论 [109] 的基础上提出的对图像的一种稀疏表示模型，是对 Marr 提出的初始素描（Primal Sketch）模型的严格定义和数学建模。根据艺术家的定义，初始素描模型将图像建模为可素描部分和不可素描部分，可素描部分对应图像中变化的部分（即结构信息），不可素描部分对应图像中的纹理部分。可素描部分是根据一组视觉基元字典和滤波器组得到的图像的素描图，是以线段为基元的边脊草图。图像的素描图是图像结构化的稀疏表示，是由边缘点、直线等基本几何元素或特征构成的。图像的素描图在图像变化的地方表现为一条线段。在极化 SAR 图像中，建筑群和森林等聚集性地物的特点是地物区域内部灰度变化剧烈且变化有明暗相间的规律，其对应素描图中线段分布密集且有一定规整性，这些线段表示图像中明暗相间的变化，是地物结构的一种表示。而对于农田、道路等地物，其在素描图中只在边界部分存在稀疏的线段，在区域内部的线段很少。因此，结构聚集性是建筑群等聚集地物的一种表现形式，我们可以提取极化 SAR 图像的素描图，用素描线段对聚集地物进行表示。

针对建筑群和森林等地物分类难的问题，本章提出了极化 SAR 图像的层次语义模型。该方法是基于视觉计算理论得到极化 SAR 图像的素描图，并根据极化素描图中的线段语义信息进行分析，得到更高级的中层语义，即区域图，该区域图能够将一幅极化 SAR 图像划分为聚集、结构和匀质三种结构类型区域。首先，该算法基于 Marr 的视觉计算理论，并考虑极化 SAR 图像的斑点噪声和统计特性，提出了极化素描图。极化素描图用素描线段刻画了极化 SAR 图像的结构部分。在极化素描图中，可以对线段进行语义信息分析，并定义线段的连续性、聚集性和空间排列，根据线段的语义信息分析提取线段聚集区域，这些线段聚集区域表示具有聚集特性的地物。对于孤立的线段，通常对应图像中的线目标或者两种地物的边界。因此，我们对不同类型线段进行区域提取，得到聚集、结构和匀质三种结构类型区域。

3.2 极化 SAR 图像的视觉层次语义模型与框架

3.2.1 视觉层次语义模型构建动机

与自然图像相比，SAR 图像与极化 SAR 图像不再是光学成像，而是由雷达发射电磁波而散射形成的主动成像。因此，SAR 图像和极化 SAR 图像具有阴影、叠掩、伸缩和平移等特性。同时，基于成像特性，聚集地物会形成强烈的亮暗灰度变化，如城区、森林等。

Marr 的视觉计算理论给出了如何像人类视觉系统一样处理图像的理论框架，并提出了初始素描模型。自然图像的素描图是通过图像中的灰度变化得到的，主要表示了图像中的边界。对于极化 SAR 图像，由于成像机理和斑点噪声模型不同，因此提出了将极化素描图作为图像的稀疏表示。如图 3.1 所示，图 3.1(a) 和图 3.1(b) 是旧金山地区的 SPAN 图和对应的极化素描图，图 3.1(c)～图 3.1(e) 是具体细节图。图 3.2 所示为高分辨 SAR 图像素描图展示。图 3.2(a) 和图 3.2(b)

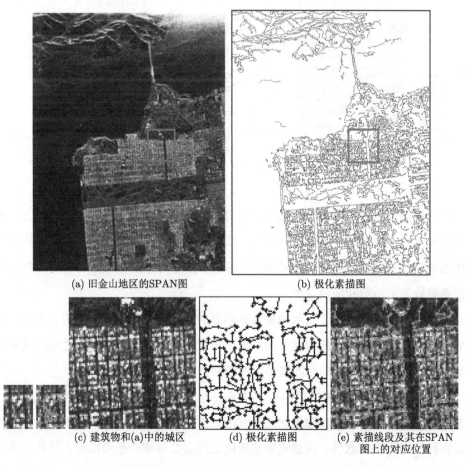

(a) 旧金山地区的SPAN图　　　　(b) 极化素描图

(c) 建筑物和(a)中的城区　　(d) 极化素描图　　(e) 素描线段及其在SPAN图上的对应位置

图 3.1　低分辨极化 SAR 图像聚集地物类型示例（见彩插）

分别表示高分辨 SAR 图像原图和素描图，图 3.2(c)~3.2(e) 是具体细节展示。通过大量实验，我们发现素描线段在极化 SAR 图像中有两种语义含义：一种是边界或线目标；另一种是聚集地物目标。

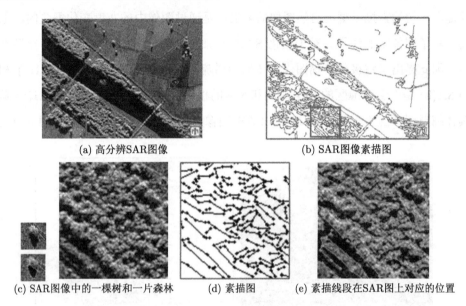

(a) 高分辨SAR图像　　　　　　　　(b) SAR图像素描图

(c) SAR图像中的一棵树和一片森林　　(d) 素描图　　(e) 素描线段在SAR图上对应的位置

图 3.2　高分辨 SAR 图像的聚集地物示例

边界或线目标：在图像分类中，边界和线目标的保持是分类的重点，多个素描线段首尾相连形成一条长的素描线。从图 3.1 和 图 3.2 可以看出，孤立线段和线性排列的长素描线一般代表边界和线目标。如图 3.1(b) 和 图 3.2(b) 所示，红色的长素描线表示桥梁和河流边界。

聚集地物目标：由于聚集地物具有强烈的明暗变化特性，而在明暗变化处会形成素描线，因此，素描线能够很好地刻画聚集地物目标，是聚集地物的稀疏表示，通过挖掘聚集线段的空间关系，就能够提取聚集区域。

以低分辨极化 SAR 图像为例，图 3.1(c) 是旧金山地区的建筑物和城区，由于存在散射回波的差异，建筑物及其周围地面会形成强烈的明暗变化，尤其是建筑物和窄的道路，这样，在建筑物和道路之间就会形成一条素描线。另外，高分辨 SAR 图像中的聚集地物也能够由素描线来刻画。图 3.2(c) 显示高分辨图像的一棵树和一片森林，可以看出，由于树和其阴影的存在，森林地区会提取出很多素描线。因此，素描线也能够表示高分辨 SAR 图像的聚集地物。对于不同的地物，素描线含有不同的语义含义，因此，我们能够通过素描线的特性区分不同地物。

对于极化 SAR 场景分类，主要的难点之一就是分类各种混合地物目标，由于这些地物类型的尺度不一、结构各异，很难有一种方法对不同地物都能够很好地进行分类。以图 3.1 为例，图中有山脉、海洋、城区、森林和桥梁等，这些地物目标的结构和散射特性差异很大，传统方法很难将其分为语义上一致的区域。

大量实验表明，素描线段的空间关系能够很好地刻画各种地物结构差异。从图 3.1(b) 可以看出，一致的海洋区域几乎没有素描线段，而城区部分的素描线段呈聚集分布。另外，桥梁的素描线段是孤立的且具有一定的连续性。因此，通过挖掘不同地物素描线段的不同特性，可以将一幅极化 SAR 图像划分成聚集区域、结构区域和匀质区域三种类型，且每种区域类型含有语义上相对一致的结构。聚集区域中素描线段扎堆聚集，如森林、城区等，匀质区域是指没有素描线段的区域，如农田、海洋和裸地等；剩下的素描线段所在的区域为结构区域，一般表示边界或线目标。

通过以上分析，可以将像素空间上如何获得语义一致区域的问题转换为如何分析素描线段空间关系并将素描线段分组的问题。这样，我们对语义区域划分的问题进行建模，提出了层次语义模型。根据素描线段的聚集特性和空间排列关系，在素描图的基础上提出更高层的语义，即区域图，将极化 SAR 图像划分为聚集、结构和匀质区域。对不同的区域类型，我们可以采用不同的分割和分类方法进行分类。

3.2.2 视觉层次语义模型数学表示

基于 Marr 的视觉计算理论，Guo 等人[110]给出的初始素描模型能够有效地刻画自然图像的可素描部分和不可素描部分。可素描部分根据高斯滤波器对图像边线进行提取，并进行素描追踪和选择。考虑 SAR 图像的相干斑噪声影响，武杰、刘芳等人[138]给出了 SAR 图像的素描图模型，该模型选择 SAR 图像滤波核和 SAR 统计分布进行构造。然而由于极化 SAR 图像的成像机理和统计特性与自然图像、SAR 图像的都不相同，因此这些模型并不适用于极化 SAR 图像。基于视觉计算理论，并考虑极化 SAR 数据的统计分布和成像特性，我们提出了极化

SAR 图像的素描模型。

极化 SAR 图像素描模型的定义如下

$$p(I_{sk}, S) = \frac{1}{Z} \exp(\sum_{i}^{n} \sum_{(x,y) \in I_{sk,i}} \ln p(I(x,y)|B_i(x,y|v_i)) - \gamma_{sk}(I_{sk})\} \qquad (3\text{-}1)$$

式中，I_{sk} 为极化 SAR 图像的可素描部分，S 为极化素描图，$p(\cdot|\cdot)$ 为基于极化 SAR 统计分布计算的编码增益，$B_i(x,y|v_i)$ 为编码函数，v_i 为编码函数的几何光照参数，$\gamma_{sk}(\cdot)$ 表示可素描部分的正则约束项。

与自然图像和 SAR 图像的素描模型不同的是，极化 SAR 图像的素描模型提出了极化边线检测算法边缘进行检测，并考虑极化 SAR 数据的统计分布特性，构造极化 SAR 的假设检验算法进行素描线段的选择。具体构建算法在下节中进行介绍。

另外，为了构造区域图，我们将像素空间上如何获得语义一致区域的问题转换为如何分析素描线段空间关系并将素描线段分组的问题。基于极化素描图，进一步研究素描图中素描线段的空间关系和拓扑结构，定义素描线段的连续性、聚集性和空间排列特性，将素描线段划分为聚集线段和孤立线段，并将聚集线段进一步划分为空间不连续的多个子集，分别提取聚集区域。利用孤立线段提取结构区域。这样，在素描图上提取出区域图，将一幅极化 SAR 图像划分为聚集、结构和匀质三大结构类型区域。通过对线段分组问题进行建模，即得到区域图模型。

区域图模型的定义如下

$$S = U \cup I = \bigcup_{k=1}^{N} T_k \cup I$$

$$\text{s.t.} \begin{cases} U \cap I = \varnothing \\ \bigcup_{k=1}^{N} T_k = U \\ \forall i,j \quad T_i \cap T_j = \varnothing \\ \forall s_i \in U \quad s_i \notin \text{lstr\_line} \ \& \ \text{aggregation}(s_i) < \delta_1 \ \& \ s_i \in \text{DAS} \\ \forall s_i \in T_k, \ \exists s_j \in T_k \quad \text{s.t} \quad d_3(s_i, s_j) \leqslant \delta_2 \end{cases}$$

$$(3\text{-}2)$$

式中，S 为素描线段集合，U 为聚集线段集合，I 为孤立线段集合，T_k 为聚集线段子集，每个子集均构成一个聚集区域，N 为聚集区域的个数，s_i 为一条素描线段。为了进行线段划分，我们定义了素描线段的三个特性：连续性、聚集度和空间排列。其中，lstr_line 为具有连续性的长直线，aggregation(s_i) 为线段 s_i 的聚集度，DAS 为双边聚集线段集合，δ_1 为聚集度阈值，δ_2 为空间约束阈值，$d_3(s_i, s_j)$ 为线段 s_i 和 s_j 之间的距离。

3.2.3 视觉层次语义模型的框架

对于构建视觉层次语义模型，首先将一个复杂的极化 SAR 图像划分为结构相似的三种结构类型区域，并对每种类型区域构造适合自身的分割方法，最后与分类进行融合，得到最终分类结果。视觉层次语义模型的框架如图 3.3所示，该框架主要包括两个阶段，第一个阶段是层次语义模型，第二个阶段是设计不同的分割和分类算法。通过构造初层语义和中层语义，层次语义模型将一幅极化 SAR 图像划分为聚集、结构和匀质三个子空间，并进一步形成极化层次语义空间。对于每个子空间，设计适合该空间特性的分割方法。最后，融合分割和基于散射特性的分类结果得到更精确的分类结果。

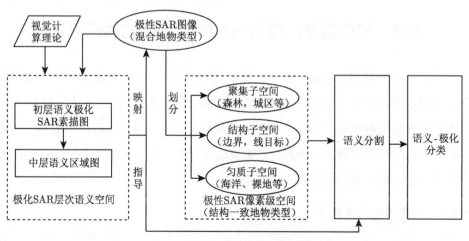

图 3.3 视觉层次语义模型的框架

为了将聚集地物划分为语义上一致的区域,我们通过层次学习图像的结构,进一步挖掘了极化 SAR 图像的层次语义模型（Hierarchical Semantic Model，HSM）。初层语义是极化 SAR 素描图，该图主要能够较好地表示聚集地物的结构和边界信息；中层语义是区域图，该图能够将聚集地物划分为语义上一致的区域。另外，关键点和角点也能够为图像分类提供重要的语义信息，角点在极化素描图中可以得到。在后续工作中，通过逐层构建点、素描线段、角点、区域等语义信息可以进一步形成更完整的极化层次语义空间。

另外，根据层次语义模型，我们提出了极化 SAR 图像分类的新框架。将区域图映射到极化 SAR 图像上，将极化 SAR 图像划分为聚集、结构和匀质三种结构类型区域。根据不同区域类型的特点，构造不同的区域合并策略进行分割。分析发现，聚集区域能够得到比较一致的区域，然而边界不太精准，因此，对于聚集区域，重点在于精确边界；对于结构区域，由于表示边界或线段目标区域，重要的是定位边界。对于匀质区域，由于图像灰度变化并不剧烈，主要的任务是合并同类的区域，并保留不同类之间的边界，因此，我们采用不同方法对三种结构类型区域进行分割，并进一步结合极化信息进行分类。根据此框架，我们在后续章节提出了不同的分类算法。本章主要详细介绍极化 SAR 图像的视觉层次语义模型。

3.3 初层语义：极化 SAR 素描图的构建算法

通过考虑极化信息和斑点噪声，我们提出了极化 SAR 图像素描模型构建算法。该算法有两点完全不同于自然图像的初始素描模型[110]。一是边线检测算法，二是素描线段选择算法。为了考虑极化信息和抑制斑点噪声形成的伪边界，本章提出了极化边线检测算法。另外，在素描线选择时，本书采用基于 Wishart 分布的假设检验方法对素描线段的重要性进行定义。

3.3.1 极化边线检测算法

通过考虑极化特性和成像机理，本章提出了一种新的极化边线检测算法，该算法首先使用极化 CFAR 检测算法进行边线检测。极化 CFAR 检测算法[137]能够充分利用极化信息，并通过考虑极化 SAR 数据的统计分布来抑制斑点噪声的影响。然而，对于异质区域（如城区、森林等），滤波器中区域一致性假设已经不再满足，Wishart 测度难以刻画异质结构的亮暗变化。因此，即使在灰度上它们有很强烈的亮暗变化，也很难检测到异质区域内部的结构变化。为了减小异质性，我们采用各向异性高斯核[138]对滤波器进行加权。同时，由于极化 SAR 图像的地物目标是多尺度、多方向的，因此构建多尺度、多方向的滤波器进行边线检测。极化 CFAR 边线能量定义为

$$E_{\text{edge}} = -2\rho \log Q_{12} \tag{3-3}$$

$$E_{\text{ridge}} = \min\{-2\rho \log Q_{12}, -2\rho \log Q_{13}\} \tag{3-4}$$

其中

$$\rho = 1 - \frac{2p^2 - 1}{6p}\left(\frac{1}{n} + \frac{1}{m} - \frac{1}{n+m}\right) \tag{3-5}$$

$$Q_{ij} = \frac{(n+m)^{p(n+m)}}{n^{pn}m^{pm}} \cdot \frac{|\bar{Z}_i|^n |\bar{Z}_j|^m}{|\bar{Z}_i + \bar{Z}_j|^{n+m}} \tag{3-6}$$

其中，Q_{ij} 为区域 i 和区域 j 之间的 Wishart 似然比，n 和 m 分别为区域 i 和区域 j 的等效视数，且本章中 $m = n$。另外，p 为通道数，$\bar{Z}_i$ 和 $\bar{Z}_j$ 分别为区域 i 和区域 j 中加权平均的协方差矩阵。从式 (3-3) 可以看出，边线能量随着 Wishart 似然比的减小而增大。式 (3-4) 表示一个线段目标是由在区域中心两边的两个高的边线能量构成的。通过比较多个尺度和方向的能量值，选取最大能量值作为图像的极化边线的图能量。

虽然极化 CFAR 检测算法能够很好地抑制斑点噪声，却较难检测城区等异质区域的亮暗变化。我们发现，极化 SAR 数据的差异性可以为异质区域的边线检测提供互补信息，因此，为了增大城区内变化地区的边线能量，本章提出了加权梯度检测算法进行极化 SAR 边线检测。该算法将极化 SAR 数据的协方差矩阵向量化，使用欧式距离测量向量差异。各向异性高斯核用来加权梯度滤波器。此外，由于极化 SAR 数据变化剧烈，呈现大部分数据比较小、少数数据很大的分布情况，因此采用对数变换来减少这种变化。故一个像素的加权梯度边线能量定义为

$$G_{\text{edge}} = \log \|\sum_{i=1}^{n} w_i \boldsymbol{V}_i - \sum_{j=1}^{m} w_j \boldsymbol{V}_j\|_2 \tag{3-7}$$

$$G_{\text{ridge}} = \min\{G_{\text{edge}}^{12}, G_{\text{edge}}^{13}\} \tag{3-8}$$

其中，$\boldsymbol{V}_i$ 是协方差矩阵的向量表示，w_i 是各向异性高斯核。

极化 CFAR 检测算法能够抑制噪声且较好地刻画地物的弱边界，然而很难刻画城区内部的结构变化，而加权梯度检测算法能够较好地刻画城区内部的亮暗变化，但容易受噪声的影响。为了较好地融合这两种检测算法的优势，合适的融合策略应该被挖掘。我们使用文献 [138] 中的融合函数对极化 CFAR 能量和加权梯度能量进行融合，该融合函数定义如下

$$f(x,y) = \frac{xy}{1-x-y+2xy}, x,y \in [0,1] \tag{3-9}$$

其中，x 和 y 表示极化 CFAR 能量图与加权梯度能量图的对应值，$f(x,y)$ 表示融合后的能量值。当两个能量值都大于或者都小于 0.5 时，该融合函数能够产生一个更大或更小的值，其他情况能够产生一个折中的值。这样，使得强边界地区能量更强、非边界地区能量更弱，对于两幅图不一致的区域，产生一个折中的结果。因此，在融合之前，首先对两幅能量图进行归一化，并使用 $\max\{0, \min\{1, x-x_o+0.5\}\}$ 进行中心平移。根据极化能量的分布直方图对能量值进行估计，计算公式为

$$\int_{x=0}^{x_0} f(x) = 50\% \int_{x=0}^{\infty} f(x) \tag{3-10}$$

其中，x_o 是阈值，$f(x)$ 是 x 的分布函数，50% 表示平移后在 0.5 处的能量比。该融合函数不仅能够在弱边界处得到高的边线能量值，同时能够刻画异质区域的亮暗变化。融合后，类似于 canny 边线检测方法 [153]，通过非极大值抑制和连接策略得到边线图。然后，类似于初始素描模型 [110] 的构建过程，我们使用贪婪素描追踪算法对边线图进行素描追踪，得到初始素描图。提出的极化边线检测算法过程如下。

算法 1：极化边线检测算法

输入：极化 SAR 图像

(1) 构造多尺度多方向的极化 CFAR 滤波器组，并使用各项异性高斯核对滤波器进行加权。

(2) 使用加权滤波器对极化 SAR 图像进行卷积，使用式 (3-3) 和式 (3-4) 来计算极化边线能量。

(3) 将极化数据向量化，使用式 (3-7) 和式 (3-8) 来计算加权梯度边线能量。

(4) 利用式 (3-9) 对极化 FAR 能量图和加权梯度能量图进行融合，得到最终边线能量图。

(5) 用非极大抑制方法处理最终边线能量图，得到极化边线图。

输出：极化边线图

3.3.2 素描线的选择

素描线的选择是极化素描模型中的一个重要步骤。根据素描线的重要程度，可以去掉一些伪边界，并保留重要的素描线段，从而形成素描图。因此，对素描线重要性进行评价是非常重要的。一条素描线是由多条素描线段首尾相连形成的。素描线的重要性通过假设检验方法[138]计算，该算法通过测试素描线两边区域的一致程度来确定该素描线的重要性，其中，两个区域的一致程度通过 Wishart 测度来测量。

"一条素描线是否重要程度且是否应该存在于素描图中"这个问题可以通过求解如下假设检验问题来解决。

H_0：该素描线不应该被保留。

H_1：该素描线应该被保留。

因为每条素描线是由多条素描线段首尾相接而形成的。因此，素描线的重要性定义如下

$$G = \sum_{i=1}^{n} (\ln P(S_i|H_1) - \ln P(S_i|H_0)) \qquad (3\text{-}11)$$

式中，G 是由 n 条素描线段构成的素描线的重要性，S_i 是第 i 条素描线段。

$P(S_i|H_k)(k=\{0,1\})$ 表示 S_i 满足假设 H_k 的概率，这个概率通过邻域像素来计算。由于极化 SAR 图像满足 Wishart 分布，Wishart 测度用来计算 $\ln P(S_m|H_k)$ $(k=\{0,1\})$，定义如下

$$\ln P(S_m|H_k) = -\sum_{i=1}^{n}(\ln|\boldsymbol{Z}| + \mathrm{Tr}(\boldsymbol{Z}^{-1}\boldsymbol{T}_i)) \tag{3-12}$$

其中，$\boldsymbol{Z}$ 为平均相干矩阵，$\boldsymbol{T}_i$ 为第 i 个像素的相干矩阵。将式 (3-12) 代入式 (3-11)，能够计算素描线的重要性。为了选择素描线，需要计算素描线重要程度的阈值，大于阈值的素描线保留，小于阈值的素描线去掉。该阈值定义为编码长度阈值（Coding Length Gain, CLG），经过素描线的选择，能够去掉由噪声引起的伪边界。CLG 阈值可以根据素描线重要程度的直方图自适应地确定，一般来说，选择直方图的第一个极值点作为 CLG。

根据极化边线检测算法和基于 Wishart 分布的素描线选择，提出的极化素描图构建算法如算法 2 所示。

算法 2：极化素描图构建算法

输入：极化 SAR 图像

(1) 用算法 1 进行极化 SAR 图像的边线检测。

(2) 使用图规则进行素描线段追踪，得到初始的极化素描图。

(3) 使用基于 Wishart 分布的假设检验算法选择素描线，得到最终的极化素描图。

输出：极化素描图

以旧金山地区极化 SAR 图像为例，极化素描图的构建过程如图 3.4 所示。图 3.4(a) 是旧金山地区的极化 SAR 伪彩图。图 3.4(b) 是由极化 CFAR 检测算法得到极化边线能量图。从图 3.4(b) 中可以看出，极化 CFAR 检测算法能够在弱边界得到较高的边界能量，然而在城区内部亮暗变化处的边界能量较低。图 3.4(c) 是由加权梯度检测算法得到的边线能量图，融合后的能量图如图 3.4(d) 所示。可以看出，融合后的能量图不仅能够在弱边界得到高的能量值，而且能够增大城区内部亮暗变化处的边界能量。图 3.4(e) 是由不使用对数变换的加权梯度检测算法得

到的能量图。由于没有使用对数变换，因此大部分的能量值都非常低，而只有极少部分能量较高。通过融合图 3.4(b) 和图 3.4(e)，得到融合后的能量图如图 3.4(f) 所示，图 3.4(f) 表明由于没有使用对数变换，图 3.4(e) 很难在城区部分提取有效的互补信息，这说明对数变换的重要性。图 3.4(g) 是最终的极化素描图，图 3.4(h) 是素描线在 SPAN 图上的对应位置。从图 3.4(g) 和图 3.4(h) 可以看出，素描线不仅能够刻画边界，还能够刻画聚集区域的结构。极化素描图是极化 SAR 图像的稀疏表示，它和大脑视觉的稀疏认知机理是一致的。

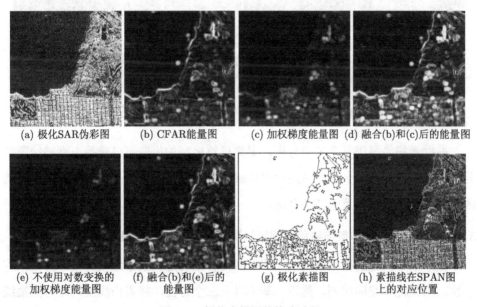

图 3.4 极化素描图的构建过程

另外，图 3.5展示了其他两幅极化 SAR 图像的素描图提取结果。第 1 列是 Ottawa 地区和国内某地区的极化伪彩图，第 2 列是由提出的极化检测算法得到的能量图，第 3 列是两幅极化 SAR 图像对应的极化素描图，第 4 列是素描线在 SPAN 图上的对应位置。从图中可以看出，本章提出的素描图提取方法不仅能够提取边界的素描线，同时在有亮暗变化的异质区域也能够提取素描线。

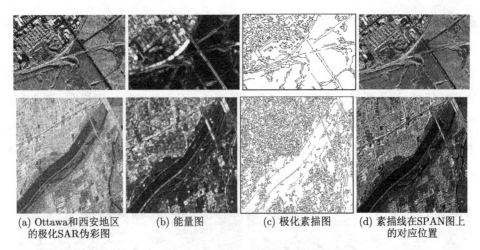

(a) Ottawa和西安地区的极化SAR伪彩图　　(b) 能量图　　(c) 极化素描图　　(d) 素描线在SPAN图上的对应位置

图 3.5　极化素描图示例

3.4　中层语义：区域图构建算法

根据素描线段语义含义的分析，聚集地物区域的提取可以转换为素描线段的分组问题。我们定义一些图规则对素描线段进行分组，并进一步提取各组所在的区域。具体细节在本节中详细介绍。

3.4.1　基于图规则和素描线段局部统计特性的素描线段分组

在本节中，通过挖掘素描线段的空间拓扑结构定义素描线段的三个特性：连续性、聚集性和空间排列。然后，基于以上三个特性，将素描线段划分为聚集线段和孤立线段两类。首先，素描线段的定义为

素描线段：
$$S = \{s_i | s_i = \{l_i, \theta_i, c_i\}, i = 1 \sim N\} \tag{3-13}$$

式中，N 是线段总数，s_i 是第 i 条线段，l_i, θ_i, c_i 分别表示素描线段的长度、方向和中心点。

素描线：
$$\text{line}_i = \{s_1, s_2, \cdots, s_k | d_1(s_i, s_{i+1}) \leqslant 2, s_i \in S\} \tag{3-14}$$

式中，$d_1(s_i, s_{i+1})$ 是线段 s_i 的尾部和线段 s_{i+1} 的头部之间的距离，若该距离比较小，则认为是首尾相接。由于受斑点噪声的影响，一条素描线可能有短距离的

断裂，我们将误差距离设为 2，因此，当 $d_1(s_i, s_{i+1}) \leqslant 2$ 时，我们认为其形成一条素描线。

素描线段的连续性：首尾相接且有相似方向的素描线段能够形成一条长的直线，这就是素描线段的连续性。长的直线一般表示图像的边界或者线目标，被标记为孤立线段。

在素描图中，素描线段的首尾相接方式主要有三种：① 形成一条长直线；② 形成一条折线；③ 有多个连接素描线段。假设定义两个邻接素描线段的方向变化为 $\Delta\theta_i = |\theta_{i+1} - \theta_i|$。如图 3.6 所示，图 3.6(a) 展示了第一种情况，两条素描线段形成一条长直线，且 $\Delta\theta_i \leqslant \theta_0$，其中，$\theta_0$ 是 $\Delta\theta_i$ 的阈值。第二种情况如图 3.6(b) 所示，两条素描线段形成一条折线，此时，$\Delta\theta_i > \theta_0$。最后一种情况是有多条连接素描线段，如图 3.6(c) 所示，红色素描线段为素描线段 s_i，黑色和蓝色素描线段是后续的素描线段 s_j，黑色素描线段和 s_i 可以形成一条直线，而蓝色素描线段会形成一条弯线。虽然两条素描线段与前面的素描线段的夹角绝对值都满足 $\Delta\theta_i \leqslant \theta_0$，但很明显，夹角为 $\Delta\theta_2$ 的蓝色线段是明显的折回，不应该是孤立线段。

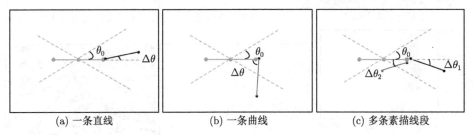

(a) 一条直线　　　(b) 一条曲线　　　(c) 多条素描线段

图 3.6　素描线段连续性的三种情况（见彩插）

因此，为了标记孤立素描线段，我们定义了长直线

$$\text{str\_line}_j = \{s_1, s_2, \cdots, s_k\}$$

$$\text{s.t.} \begin{cases} d_1(s_i, s_{i+1}) \leqslant 2 \\ \sum_{i=1}^{k} l_i > l_0 \\ \max\{\Delta\theta_i\}_{i=1:k} < \theta_0 \\ d_2(s_i, s_{i+1}) > \max\{l_i, l_{i+1}\}, i = 1, \cdots, k-1 \end{cases} \quad (3\text{-}15)$$

式中,l_0 是长度阈值,l_i 是第 i 条素描线段的长度,$d_2(s_i, s_{i+1})$ 是素描线段 s_i 头部和 s_{i+1} 尾部之间的距离,$d_2(s_i, s_{i+1}) > \max\{l_i, l_j\}$ 保证素描线段是向前而不是折回的。为了考虑一些边界会有缓慢的方向变化,如河流边界,我们选取 $\theta_0 = 30°$。另外,为了避免不正确的标记,我们将长直线按长度排序,只将 5% 的长直线标记为孤立线段,因此,阈值 l_0 可以根据比率自适应地计算。

长直线的标记过程及素描线段的标记过程如图 3.7 所示。图 3.7(a) 是 Ottawa 地区的极化 SAR 伪彩图,图 3.7(b) 是极化素描图。在图 3.7(c) 中,根据长直线的定义,红色线段被标记为孤立线段。从图中可以看出,一些长的边界或线目标能够被正确标记为孤立线段。仍有一些短的边界或线目标线段不能被正确标记,我们将定义其他空间关系特性对其进行更好的划分。

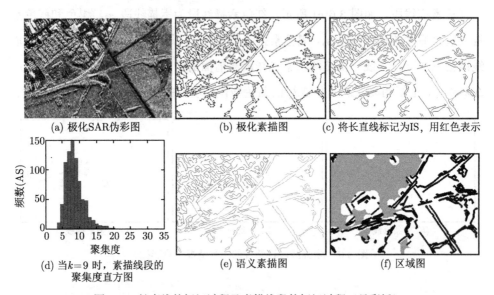

(a) 极化SAR伪彩图 (b) 极化素描图 (c) 将长直线标记为IS,用红色表示

(d) 当k=9 时,素描线段的聚集度直方图 (e) 语义素描图 (f) 区域图

图 3.7　长直线的标记过程及素描线段的标记过程(见彩插)

素描线段的聚集特性:通过大量实验,我们发现聚集地物区域的素描线段呈聚集分布,而边界和线目标地区的素描线段相对孤立,因此,我们根据格式塔理论[154,155],定义了聚集度的概念去标记素描线段。

素描线段的聚集度用来表示素描线段的聚集程度,K 近邻算法用来定义素描线段的聚集度,因为它描述了素描线段与它的 K 近邻之间的局部聚集关系。这样,

素描线段 s_i 的聚集度可以定义为

$$\text{aggregation}(i) = \frac{1}{k}\sum_{j=1}^{k}d(s_i,s_j) \tag{3-16}$$

式中，$d(s_i,s_j)$ 表示素描线段 s_i 和其邻域素描线段 s_j 的距离，距离测量使用两个素描线段中点的欧式距离表示，k 表示最近邻个数。聚集度能够刻画素描线段的局部结构，体现了聚集地物目标的空间关系。

素描线段的空间排列特性：素描线段的空间排列能够刻画不同地物目标。根据空间排列特性，素描线段能够划分为三种：双边聚集、单边聚集和零聚集，如图 3.8 所示。零聚集素描线段是孤立素描线段，两边都聚集有邻域素描线段的为双边聚集素描线段，只有一边有聚集素描线段的为单边聚集素描线段。一般来说，双边聚集素描线段和单边聚集素描线段分别表示聚集地物的内部和边界区域，因此，单边聚集素描线段被划分为孤立素描线段。需要注意的是，在计算聚集度时，我们并没有考虑图 3.8 中区域 1 内的素描线段，因为区域 1 内的素描线段被近似认为平行于 s，而平行线可能是边界或线目标。为了保持线目标不被合并进入聚集素描线段，这里考虑平行线应该为孤立素描线段。区域 1 由两条与素描线段 s 有相同夹角 α 的直线形成。一般来说，α 值比较小，这里取 $\alpha = 10°$。

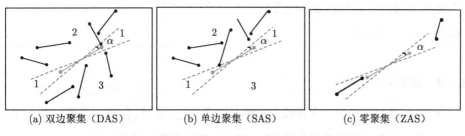

(a) 双边聚集（DAS）　　(b) 单边聚集（SAS）　　(c) 零聚集（ZAS）

图 3.8　素描线空间排列的三种情况（见彩插）

线段标记：根据素描线段聚集度，通过设定聚集度阈值 δ_1 可将素描线段划分为聚集线段和孤立线段。我们发现聚集度直方图可以指导阈值 δ_1 的选择。以图 3.7(a) 为例，当 $k = 9$ 时的聚集度直方图如图 3.7(d) 所示，聚集度直方图形成高尖峰长拖尾的曲线，小的聚集度表示聚集素描线段，大的聚集度表示孤立素描线段。阈值 δ_1 可以根据频数和总素描线段个数的比值来确定。一般来说，选取该比值为 90%~95%，因为聚集地物的素描线段要远远多于边界或线目标的素描线段，根据不同的图像可以进行细节调整。因此，根据比值 r，可自适应计算 δ_1，公式为

$$\int_{\min t}^{\delta_1} p(t) = r \tag{3-17}$$

式中，$p(t)$ 表示聚集度的概率密度函数，$\min t$ 表示 t 的最小值，r 是比率。因此，δ_1 是当比率为 r 时的聚集度。另外，根据空间排列特性，单边聚集素描线段被标为孤立素描线段。经过素描线段标记和细节修正，我们得到一个语义素描图如图 3.7(e) 所示。蓝色素描线表示聚集素描线段，红色素描线段表示孤立素描线段。另外，素描线段标记算法如下。

算法 3：素描线段标记算法

输入： 一幅极化素描图

(1) 连接素描线段并计算素描线段的长度和两条相邻素描线段的方向变化。

(2) 根据式 (3-15) 计算长直素描线段，将长直素描线段标记为孤立线段。

(3) 计算剩余素描线段的聚集度。

(4) 根据聚集度直方图选择阈值，将剩余素描线段划分为聚集线段和孤立线段。

(5) 根据空间排列特性，将聚集线段标记为单边聚集和双边聚集，将单边聚集素描线段标记为孤立素描线段。

输出： 语义素描图

3.4.2 聚集区域提取

根据素描线段标记，素描线段被划分为聚集素描线段和孤立素描线段。其中，聚集素描线段表示聚集的地物类型。当两组聚集素描线段集合距离较远时，它们应该被分为两个不同的组。这是因为一幅极化 SAR 图像中应该存在多个聚集区域，因此，聚集素描线段应该被分为不相邻接的多组。这样，聚集区域提取问题主要包括两步：首先，使用素描线段分组算法将聚集素描线段分为多组；然后，对同一组内的聚集素描线段进行区域提取。在同一组内的聚集素描线段应该满足特定的空间约束关系。聚集区域提取算法的符号定义如表 3.1 所示。聚集区域提取算法的伪代码如算法 4 所示。

表 3.1　聚集区域提取算法的符号定义

符号	定义
$U = \bigcup_{k=1}^{m} T_k$	聚集素描线段集合
m	聚集素描线段子集的数量
$T_k = \{s_1, s_2, \cdots, s_{n_k}\}$	T_k 中的素描线段列表
$|T_k| = n_k$	T_k 中的总素描线段数量
$T = \{T_1, T_2, \cdots, T_k, \cdots\}$	生长的聚集素描线段子集
δ_2	空间约束阈值
r_i	集合 T_i 提取的聚集区域
$R = \{r_1, r_2, \cdots, r_m\}$	所有聚集区域集合
$\varnothing$	空集

算法 4：聚集区域提取算法

输入：集合 U

初始化：$T = \varnothing$, $T_i = \varnothing$

　WHILE $U - T \neq \varnothing$

　　从 $U - T$ 中选择 φ_i 作为种子素描线段, $T_i = \{\varphi_i\}$

　　WHILE T_i 中的素描线段 φ_i 未经过遍历

　　　FOR $j = 1 : k$

　　　　选择素描线段 φ_i 的第 j 个最近邻 φ_j

　　　　　IF $d_{ij} \leqslant \delta_2$ & $\varphi_j \notin T_i$ (d_{ij} 为素描线段 φ_i 和 φ_j 之间的距离)

　　　　　　把线段 φ_j 加入 T_i

　　　　　ENDIF

　　　ENDFOR

　　　素描线段 φ_i 标记为已遍历

　　ENDWHILE

　　IF $|T_i| < K$

　　　标记 T_i 中的素描线段为 IS

　　ELSE

　　　$i = i + 1;$

对 T_i 使用形态学闭操作，得到聚集区域 r_i

ENDIF

ENDWHILE

输出：多个聚集区域

聚集素描线段分组问题就是将集合 U 划分为几个子集 $\{T_k\}, k=1,2,\cdots,m$，数学公式定义如下

$$T_k = \{s_1, s_2, \cdots, s_{n_k}\},$$
$$\text{s.t.} \begin{cases} \bigcup_{i=1}^{m} T_k = U \\ T_i \cap T_j = \varnothing \\ \forall s_i \in T_k, \exists s_j \in T_k \quad \text{s.t.} \quad d_3(s_i, s_j) \leqslant \delta_2, i \neq j \end{cases} \quad (3\text{-}18)$$

式中，n_k 是 T_k 中的素描线段个数，$d_3(s_i, s_j)$ 是素描线段 s_i 和 s_j 之间的距离。

素描线段分组的标准是空间约束阈值 δ_2，一般来说，ADH 的极值点反映了聚集区域的平均聚集度，为了保证聚集地物的素描线段能够被分在一起，δ_2 应该稍微大于极值点。在本章中，我们选平均聚集度作为 δ_2 的参考值。

基于空间约束的素描线段分组算法是一种类似于区域生长的方法，但它是以素描线段为单位进行生长的，生长结果是素描线段的集合。下面对基于空间约束的线段分组算法进行详细介绍。

(1) 假设 T_i 为空集，根据聚集素描线段阈值得到聚集素描线段集合 $U = \{\varphi_1, \varphi_2, \cdots, \varphi_i, \cdots\}$，随机选取素描线段 φ_i 作为种子素描线段进行生长，此时 $T_i = \{\varphi_i\}$。生长的准则为：若素描线段的某个近邻 φ_j 满足空间约束阈值 δ_2，则加入聚集素描线段子集 $T_i = \{\varphi_i, \varphi_j\}$，遍历其 K 近邻直到没有可生长的素描线段，假设此时 $T_i = \{\varphi_i, \varphi_j, \varphi_k, \cdots\}$。依次将此时 T_i 中没有遍历过的素描线段作为种子素描线段进行生长，这样迭代生长直到所有生长进来的素描线段不能再生长为止，此时得到一个聚集素描线段子集 T_i。

(2) 若满足空间约束的素描线段集合 U 中还有素描线段未进行生长，则选择一条素描线段为种子素描线段继续生长，这样迭代生长，直到所有的初始种子素

描线段都得到生长。最后得到若干不相交的聚集素描线段子集合 T_k。

通过对聚集素描线段的分组，对每组聚集素描线段进行形态学闭操作，能够提取到聚集区域。这里，选择半径为 δ_2 的圆形基元来填补聚集素描线段之间的空隙。

3.4.3 结构区域提取

为了保留边界和线目标，并进一步找到其真正边界，我们用孤立素描线段来提取结构区域。结构区域通过几何结构块[138]来提取。几何结构块的宽度一般取 3~5 个像素，因为线目标一般只有几个像素，所以若太宽，则被检测为两条边界，剩余的区域为一致区域。

如图 3.7(f) 所示，经过以上过程，我们得到了一幅区域图，该图将极化 SAR 图像分为聚集、结构和匀质三种结构类型区域，分别用灰色、黑色和白色表示。作为中层语义的区域图，图像基元不再是像素点，而是从极化素描图上提取的有语义含义的区域。区域图不仅能够将聚集地物合并为一个区域，还能够保留边界和线目标区域。

根据线段标记和不同区域的提取，我们最终得到了一幅区域图，该图可以将一幅极化 SAR 图像划分为聚集、结构和匀质三大结构类型区域，每种类型区域含有相似的结构。区域图提取算法如下。

算法 5：区域图提取算法

输入：一幅极化素描图

(1) 使用算法 3 将极化素描图中的素描线段标记为聚集素描线段和孤立素描线段。

(2) 使用算法 4 提取聚集区域。

(3) 使用几何结构块提取结构区域。

(4) 将剩余区域标记为匀质区域。

输出：一幅区域图

3.5 实验结果和分析

3.5.1 多组极化 SAR 图像验证模型有效性

为了验证层次语义模型的有效性，我们使用不同波段、不同传感器的三幅极化 SAR 图像进行验证。第一幅图像为 NASA/JPL 实验室 AIRSAR 卫星 L 波段旧金山地区的极化 SAR 图像；第二幅为 CONVAIR 卫星 Ottawa 地区的 10 视极化 SAR 图像；第三幅为 RadarSAT-2 卫星 C 波段国内某地区 8m 分辨率的极化 SAR 图像。

旧金山地区极化 SAR 伪彩图如图 3.9(a) 所示，图 3.9(b) 为极化素描图，图 3.9(c) 为区域图。从图 3.9(c) 可以看出，本章模型能够有效地提取图像的结构，并在图 3.9(c) 中进一步提取到聚集地物的区域以及边线区域。另外，Ottawa 地区极化 SAR 图像的层次语义模型如图 3.10所示，可以看出，极化素描图是图像的稀疏表示，有效地刻画了图像的结构，区域图能够有效提取城区等聚集地物。国内某地区极化 SAR 图像的层次语义模型如图 3.11所示，从图中可以看出，区域图有效地提取了极化 SAR 图像的聚集地物区域，如图 3.11(c) 中的灰色区域所示。另外，结构边界也能够被有效地提取，如图中黑色区域。其他白色区域为匀质区域。通过几组实验可以看出，层次语义模型能够有效地对极化 SAR 图像进行划分。

(a) 极化SAR伪彩图　　　　(b) 初层语义：极化素描图　　　　(c) 中层语义：区域图

图 3.9　AIRSAR 卫星 L 波段旧金山地区极化 SAR 图像的层次语义模型

(a) 极化SAR伪彩图　　(b) 初层语义：极化素描图　　(c) 中层语义：区域图

图 3.10　CONVAIR 卫星 10 视 Ottawa 地区极化 SAR 图像的层次语义模型

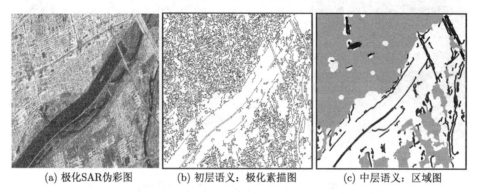

(a) 极化SAR伪彩图　　(b) 初层语义：极化素描图　　(c) 中层语义：区域图

图 3.11　RadarSAT-2 卫星 C 波段国内某地区极化 SAR 图像的层次语义模型（见彩插）

3.5.2　参数分析

在构建层次语义模型过程中涉及的主要参数有：编码长度增益（CLG）、聚集度阈值 δ_1 和空间约束阈值 δ_2。我们使用图 3.12(a) 来对参数进行测试，得到的极化素描图如图 3.12(b) 所示，区域图如图 3.12(c) 所示。CLG 影响了极化素描图的结果。CLG 是根据编码长度增益直方图自适应选择的，图 3.12(a) 的 CLG 阈值选择如图 3.13所示。可以看出，大部分素描线的 CLG 值都比较小，而只有小部分值比较大，呈现高尖峰长拖尾的分布，我们选择第一个极值点作为 CLG 阈值，这里，我们选择 CLG=8。

聚集度阈值 δ_1 和空间约束阈值 δ_2 直接影响区域图的结果，本书已经给出了参数选择的原则。我们对旧金山地区子图（图 3.12）进行测试，对 σ_1 和 δ_2 这两个参数进行分析。区域图提取中的聚集度阈值 δ_1 对区域图的影响如图 3.14所示。其中，灰色为聚集区域，黑色为结构区域，白色为匀质区域。根据经验，我们取

$\delta_2=8$,由于 δ_1 一般要大于 δ_2,因此将 δ_1 从 8~22 隔 2 取值,依次进行实验,实验结果如图 3.14 所示。从图中可以看出,δ_1 越大,聚集区域越大,区域一致性越好,而一些小目标有所丢失,当 δ_1=10 和 12 时结果较好,但当 δ_1=10 时,有小片城区没有分为聚集区域,而当 δ_1=12 时,两片聚集区域已经有所粘连,当 $\delta_1 > 12$ 时,聚集区域膨胀,区域越来越粘连,难以区分,且一些匀质区域也被划分为聚集区域。故选择 δ_1=11 为最优解。

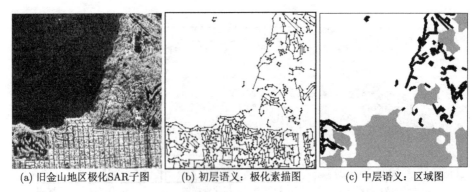

(a) 旧金山地区极化SAR子图　　(b) 初层语义:极化素描图　　(c) 中层语义:区域图

图 3.12　旧金山子图层次语义模型示例

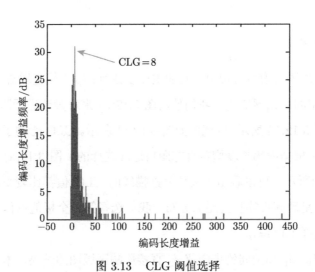

图 3.13　CLG 阈值选择

图 3.15是参数 δ_2 对区域图的影响,根据对 δ_1 的分析,固定 $\delta_1 = 11$,将 δ_2 从 2~16 隔 2 取值,依次进行实验,结果如图 3.15所示。从图中可以看出,当 δ_2

太小时，难以形成聚集区域，当 δ_2 越大时，城区等聚集区域越大，线目标就越容易丢失，尤其是当 $\delta_2=12$ 时，城区内部的道路会丢失。故选择 $\delta_2=8$ 为最优解。参数 δ_1 和 δ_2 的设置对重要目标的保留有直接关系，第 3 章中也给出了参数 δ_1 和 δ_2 对分类结果的影响。

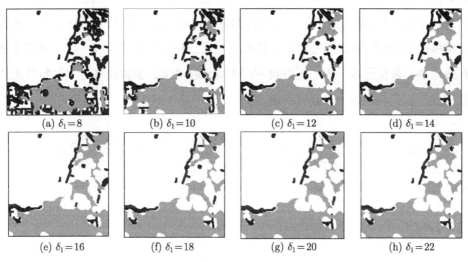

图 3.14 参数 δ_1 对区域图的影响（$\delta_2 = 8$）

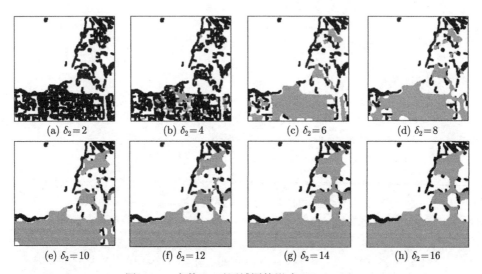

图 3.15 参数 δ_2 对区域图的影响（$\delta_1 = 11$）

3.6 本章小结

为了解决聚集地物难以划分为语义一致区域的难题，本章提出了一种新的极化层次语义模型，该层次语义模型包含两层语义：① 初层语义为极化素描图，用来刻画极化 SAR 图像的结构，是图像的稀疏表示；② 中层语义为区域图，该图能将极化 SAR 图像划分为聚集、结构和匀质三种结构类型区域，这样分类能够有效地刻画聚集区域。为了更好地刻画不同地物类型，素描线段更多的特性应该被挖掘，这是我们进一步研究的重点。

第4章 基于层次语义模型和极化特性的极化SAR地物分类

4.1 引　　言

极化SAR地物分类是极化SAR图像处理的重要研究领域，是图像理解和解译的前提和基础。随着雷达技术的发展，极化SAR数据迅速增加，如何智能有效地对极化SAR图像的复杂场景进行分类已经成为当前研究的热点。

极化SAR地物分类的主要难点之一就是如何将含有多类的聚集地物分为语义上一致的区域。聚集地物类型是指相似的多个目标聚集在一起而形成的地物类型，如城区、森林等。语义一致是指从人类视觉理解角度，这些聚集地物被看成一致的区域，如虽然城区内部有地面、建筑物、树木等多种地物散射回波，但我们希望能够得到城区的一致区域。另外，聚集地物类型的主要特点为灰度上有强烈的亮暗变化，且重复出现。对于低分辨极化SAR图像，这些亮暗变化主要由地物目标和它近邻地面形成，对于高分辨的极化SAR图像，这些亮暗变化主要是地物目标和其阴影，因为建筑物和树木都有一定的高度。由于散射回波的强烈差别，基于散射机理的分类算法[29,54,57]很难将建筑物和周围地面分为一致区域。然而，为了后续的场景理解，我们应该将城区分为语义一致的区域。因此，聚集地物类型和语义一致性是极化SAR分类的一对矛盾。

为了获得一致的分类结果，空间信息被加入极化SAR分类中，一些无监督的分类方法在最近几年已经被提出，这些方法主要分为4类：① 基于超像素的分割方法，如层次分割算法[44]和基于区域的分割方法[152,156,157]。这些方法能够有效地抑制斑点噪声，但由于聚集地物强烈的明暗变化，各种合并策略都难以将其合并为语义一致的区域。② 基于纹理模型的方法[158-160]，如小波特征[85]。这些方法能够有效建模自然图像的纹理。但由于极化SAR图像的成像机理与自然图像完全不同，这些方法难以刻画聚集地物和其他地物的差别。③ 基于正则化的方法，如马尔可夫随机场（MRF）[161-163] 和轮廓模型 [164-166]。④ 基于贝叶斯的方法 [167-169]，如非高斯模型 [170,171]。与基于像素级的算法相比，这些算法考虑了图像的局部相关性 [172]，能得到一致性较好的分类结果。然而，由于没有考虑语义信息 [173-175]，这些算法很难有效地表示聚集地物，使得在聚集地物区域产生过分割结果而在其他区域产生欠分割结果。这是图像底层特征和高层语义的矛盾，也就是语义鸿沟问题。因此，为了解决这个矛盾，我们应该挖掘图像的稀疏表示 [176,177] 和高层特征 [178,179]。

根据以上分析，本章提出了一种新颖的无监督极化 SAR 图像分类方法，该算法是基于 HSM 和极化特性的极化 SAR 地物分类方法（定义为 HS-SM）。本章提出的算法有以下三个优势：① HSM 由极化素描图和区域图构成，基于 HSM，我们将极化 SAR 图像划分为聚集、结构和匀质三种结构类型区域；② 基于 HSM，我们提出了无监督的极化 SAR 分类框架，设计不同的分割策略对三类区域进行分割；③ 采用语义–极化分类器进行分类，同时融合了语义分割的区域一致性和极化机理的类别精细性两大优势。实验结果表明，与现有的方法相比，提出的 HS-SM 算法能获得区域一致性更好的分类性能，特别是对聚集区域。

4.2 算法框架

基于层次语义模型，提出了 HS-SM 分类算法，该算法通过挖掘不同区域类型的特性，构造特定的分割方法，并结合基于散射特性的分类方法，得到更优的分类结果。HS-SM 算法流程示意图如图 4.1 所示。对于输入的极化 SAR 数据，首先进行精致 LEE 滤波，对滤波后的图像进行极化层次语义模型构建，得到极化素描图和区域图。同时，对极化 SAR 数据进行均值漂移过分割，得到边界精准的过分割图。将区域图映射到过分割图上，可以将过分割图划分为聚集区域、结构区域和匀质区域。对每个区域内的超像素设计不同的分割方法并进行合并，得到语义分割图。同时，对极化 SAR 数据进行 H/α-Wishart 分类，通过语义–极化分类器融合语义分割和极化分类结果，得到最终的分类结果。

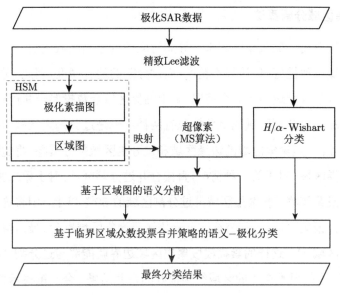

图 4.1 HS-SM 算法流程示意图

4.3 语义分割算法

4.3.1 初始分割

在本章提出的算法中，首先要进行初始分割，将图像分成待合并的一些超像素区域。然后根据区域图，将图像过分割区域划分为聚集区域、结构区域和匀质区域，分别采用不同的合并策略对这些区域进行合并。首先，对极化 SAR 的 SPAN 图进行初始分割。初始分割的方法很多，如分水岭、均值漂移和水平集等方法都是过分割的经典方法。本章采用均值漂移的方法，因为其过分割区域少，每个区域像素多，这就保证了区域稳定的统计特性，且边缘精准。我们使用均值漂移软件——EDISON System[180] 来得到过分割区域。均值漂移和 EDISON System 的详细介绍请参考文献 [180–182]，这里主要介绍区域合并方法。

我们将区域图映射到超像素分割图上，将极化 SAR 图像划分为表示聚集特性的地物的聚集区域、表示孤立目标的结构区域和其他地物的匀质区域，针对不同的地物类型采用不同的区域合并策略，根据区域特性进行合并得到分割结果。提出的区域合并策略有：对聚集区域采用临界区域众数投票合并策略；对结构区域进行边界定位；对匀质区域采用基于极化特征的区域合并策略。

4.3.2 聚集区域分割算法

根据区域图得到的聚集区域来指导其对应的过分割区域块的合并。但由于聚集区域的区域一致性好，但边界不精准，而过分割的边界精准，因此，对于聚集区域的边界和过分割区域边界不吻合情况，采用临界区域众数投票合并策略。对于素描线段聚集区域和过分割区域的重叠情况有两种：一是过分割区域被素描线段聚集区域全部覆盖；二是聚集区域的边缘区域和过分割区域部分重叠，将边缘部分重叠区域称为临界区域。对于第一种情况，直接合并过分割区域，对于第二种情况，根据临界区众数投票策略，若聚集区域占过分割区域的50%以上，则将这个过分割区域全部合并为聚集区域；否则将这部分素描线段聚集区域剔除。最后得到合并的素描线段聚集区域 R。这样的素描线段聚集区域边界就能够与过分割区域边界完全吻合，并保证这些很难合并的区域得到很好的合并结果。合并策略示意图如图 4.2 所示。

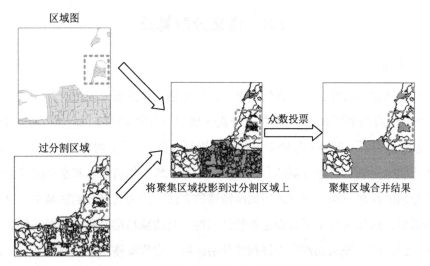

图 4.2　旧金山子图聚集区域合并过程示意图

4.3.3 结构区域分割算法

根据素描线段的语义含义，孤立素描线段一般表示图像的线目标或两个地物之间的边界。结构区域的宽度一般为 3~5 像素，因此，无论是线目标还是边界，都需要对其真实边界进行精确定位。根据极化边线检测算法得到的边图对结构区域进行精确定位,因为素描线段是由边图进行素描追踪和筛选得到的,因此,素描线段所在位置一定有边线,但边图比素描图含有更多冗余的边线,为了去除边图中冗余的边线,只选择结构区域所在边线,将结构区域位置映射到边图,只对结构区域内部的边线进行保留,这样,就得到了结构区域的精确边界,该边界能够将结构区域块划分为两个区域。边界定位过程如图 4.3 所示,图 4.3(a) 中黑点表示像素,绿色箭头表示素描线段;红色长方形是提取的结构区域,红色点为真实边界。图 4.3(b) 中的蓝色曲线为定位的真实边界,该边界将结构区域分为青色和橘色两部分。这两个区域分别向邻接区域进行合并,若差异较大难以合并,则为线目标;若能够合并,则将边界保留。

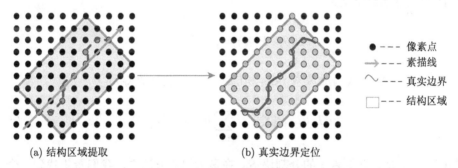

图 4.3 边界定位过程 (见彩插)

4.3.4 层次分割算法

考虑极化 SAR 的分布模型,采用层次分割算法对匀质区域进行分割。图像分割 P 是将一幅图像 I 划分为 k 个不相交的区域 $S_i \subseteq I$,使得 $S_i \cap S_j = \emptyset, i \neq j$,且 $S_j \cup S_i = I$。区域合并是从较小的分割块不断合并得到较大的分割块。层次分割是一个迭代优化的过程,在每次迭代过程中,两个最相似的邻接块进行合并,分割过程可以表示成树状结构,底层是图像像素点,作为最小的分割块,每次将两个最相似的邻接块合并,不断合并能够得到整个图像,最高层是整个图像块。在层次分割算法[40,183]中,定义相似性测度 SC_{ij} 作为评判准则进行优化。具体算法过程如下。

(1) 定义图像初始划分。

(2) 对每个邻接超像素对 S_i 和 S_j, 计算相似性测度 SC_{ij}, 并合并使测度值最小的两个超像素块。

(3) 若不需要更多的合并, 则停止; 否则转到第 (2) 步。

我们采用最大似然方法计算超像素的相似性测度[40]。从统计上说, 图像分割问题可以表示成最大似然的估计问题。假设点 i 处的像素值为 x_i, 那么 x_i 可以描述为属于分割块 S 的概率密度函数（probability density function, pdf）。pdf 描述为一组参数 θ。对于分割块 S, x_i 的 pdf 为 $p(x_i|\theta_S)$, 我们假设 x_i 的 pdf 只和 θ_S 相关, 与其他像素相互独立。假设 X 是整个图像像素集合, 表示为 $X = \{x_i | i \in I\}$, θ_P 是整个划分 P 中所有参数 θ_S 的集合, 即 $\theta_P = \{\theta_S | S \in P\}$, 则给定 X, θ_P 和 P 的似然函数定义为

$$L(\theta_P, P|X) = p(X|\theta_P, P) \tag{4-1}$$

我们可以将等式写成像素 pdfs 积的形式, 并取对数得到

$$\ln(L(\theta_P, P|X)) = \sum_{i \in I} \ln(p(x_i|\theta_{S(i)}))|_P \tag{4-2}$$

其中, $S(i)$ 是包含像素 i 的分割块 S。在最大似然方法中, 我们希望找到一个划分 P 和一组参数 θ_P 来优化似然函数。

给定分割块 S, θ_S 能够通过分割块统计估计。对于给定的划分 P, 最优参数 θ_P 的对数似然函数值定义为 LLF(P), 该函数能够写成每个分割块的最大对数似然（Maximum Log Likelihood, MLL）的和, 定义如下

$$\begin{aligned} \text{LLF}(P) &= \sum_{i \in I} \ln(p(x_i|\theta_{S(i)})) \\ &= \sum_{S \in p} \sum_{i \in S} \ln(p(x_i|\theta_S)) \\ &= \sum_{S \in P} \text{MLL}(S) \end{aligned} \tag{4-3}$$

其中

$$\text{MLL}(S) = \sum_{i \in S} \ln(p(x_i|\theta_S)) \tag{4-4}$$

式（4-3）表示优化过程中最困难的部分是找到最优划分。一旦找到了最后划分，很容易计算这个划分的最优参数。

在层次分割算法中，初始划分是 P_n，然后依次产生一系列划分 $P_n, \cdots, P_{k+1}, P_k, \cdots, P_1$，每次迭代都合并两个邻接的分割块。合并规则为每次合并使划分的对数似然函数下降最小的两个分割块，对划分 P_{k+1}，LLF(P_{k+1}) 等于划分中所有分割块 MLL(S) 的和。将划分 P_{k+1} 中的分割块 S_i 和 S_j 合并成 $S_u = S_i \cup S_j$，则形成划分 P_k，那么 LLF(P_{k+1}) 和 LLF(P_k) 的差只包含 S_i, S_j 和 S_u，则合并标准定义如下

$$SC_{i,j} = \text{MLL}(S_i) + \text{MLL}(S_j) - \text{MLL}(S_u) \tag{4-5}$$

其中，$SC_{i,j}$ 是合并准则，每次迭代时，都应该合并使 $SC_{i,j}$ 最小的两个分割块。

考虑极化 SAR 的协方差矩阵满足 Wishart 分布，那么分割块 S 的最大似然定义如下[40]

$$\begin{aligned}\text{MLL}(S) &= \sum_{k \in S} \ln(p(\mathbf{Z}_k|\mathbf{C}_S)) \\ &= -Lm_S \ln|\mathbf{C}_S| + (L-3)\sum_{k \in S}\ln|\mathbf{Z}_k| - 3Lm_S - m_S \ln(Q(L))\end{aligned} \tag{4-6}$$

其中，L 为图像视数，m_i 和 m_j 分别为分割块 S_i 和 S_j 内的像素个数。$\mathbf{Z}_k$ 为块 S 中的第 k 个协方差矩阵，$\mathbf{C}_S$ 为分割块 S 的平均协方差矩阵。根据等式 4-6，合并准则可以写为

$$\begin{aligned}SC_{i,j} &= \text{MLL}(S_i) + \text{MLL}(S_j) - \text{MLL}(S_i \cup S_j) \\ &= L(m_i + m_j)\ln|\mathbf{C}_{S_i \cup S_j}| - L(m_i)\ln|\mathbf{C}_{S_i}| - L(m_j)\ln|\mathbf{C}_{S_j}|\end{aligned} \tag{4-7}$$

计算每两个邻接块的合并准则，每次选择该值最小的两个分割块进行合并。停止条件简单地设置为合并后的区域个数 N_r。另外，结构区域边界定位后的两个区域也参与匀质区域的合并。

4.4 语义-极化分类算法

在语义信息分割的基础上，本章提出一种基于语义信息和极化分解的极化 SAR 地物分类方法。该方法首先对 SPAN 图进行均值漂移，其次，将均值漂移结

果和区域图进行融合,得到语义分割结果。最后,融合基于语义信息的图像分割结果和 H/α-Wishart 分类结果,得到最终分类结果。该方法将语义信息、图像处理技术和极化散射特性相结合,提高聚集地物分类结果的区域一致性和边界保持性。

4.4.1 H/α-Wishart 分类

1997 年,Cloude 和 Pottier 在相干矩阵的特征分析的基础上,获得了平均目标散射参数值,提出了经典的 H/α 的分类方法。其中,H 是散射熵,α 是平均散射角,根据这两个参数对目标进行分类。其主要思想是按不同的 H 和 α 值,在 H-α 平面上将目标分成 8 类。然而,这种分类方法的决策边界划定比较武断,可能将相似的地物分为不同的类。且其他散射参数的加入可能会提高分类效果。1998 年,Lee 等在 H/α 分类的基础上,并结合基于复 Wishart 分布的最大似然分类器克服了上述缺点。该非监督分类方法利用参数 H、α 以散射机制的非监督识别的结果作为初始分类,提供 8 个特定物理散射机制的稳定聚类。H/α-Wishart 非监督分类方法能够清楚地区分地物的主要类型,更符合散射机制的自然分布,并考虑与后向散射强度有关的信息,在 H/α 分类的基础上,以一种自适应的方式改变了 H/α 平面中的决策边界,改善了 H/α 分类结果。但由于噪声的影响,分类的区域一致性并不能得到很好的改善。另外,对于建筑物和植被地区,由于道路阴影等的存在,其同一地物本身的散射机制就有很大的不同,传统的方法很难将其分为一类。

4.4.2 融合语义分割和极化机理的分类策略

区域合并后,由于噪声、地物结构等的影响,有些地物并不能很好地合并为一类,有待进一步合并。H/α-Wishart 分类算法根据散射熵和散射角的特性,将每个像素均划分类别,但该算法是基于像素的分类,噪声点的影响和地物本身的混合特性使得区域一致性很不好。而语义分割的结果区域一致性较好,能够为分类提供很好的空间信息,但同一地物有待进一步合并,基于像素的分类提供了不同区域同一地物像素类别的一致性,因此,将分割和分类结果相融合能够优势互补,大大提高分类效果。

本章使用极化-语义分类器来融合分类和分割结果。这种分类方法组合了无监督分割和基于像素的分类结果,是基于众数投票策略来进行分类的[26]。其主要步骤如下。

(1) 分割:分割得到一致的区域,区域数要大于最终类别数。

(2) 基于像素的分类:基于图像的散射特性进行像素级的分类(第(1)、(2)步在前面已经得到)。

(3) 对融合语义和极化信息进行分类:采用临界区域众数投票合并策略,对于分割图中的每个区域,选择对应的分类结果中像素个数最多且过半的类别作为这个区域的类别,这样使分类结果的区域一致性大大提高。若该分割区域中没有某个类别像素过半,即没有一种主导的类别,则说明该分割区域很有可能欠分割,其本身应该有多种类别,因此,要对这些区域进行标记。

(4) 类别修正:对于标记的没有一个主导类别的区域,应对该区域再次进行过分割,并重复采用临界区域众数投票合并策略,直到所有的区域都有一个主导类别,对所有区域赋予类别,即得到分类结果。

需要注意的是,在众数投票中,像素的邻域不是固定的邻域窗,而是分割图中属于同一个区域的像素。

4.5 实验结果和分析

4.5.1 实验数据和设置

为了验证 HS-SM 算法的有效性,对一个合成极化 SAR 图像和 4 组真实极化 SAR 图像进行测试。这 5 幅图像来自不同波段和不同传感器。4 组真实极化 SAR 图像包括:① NASA/JPL 实验室 AIRSAR 卫星 L 波段对旧金山地区的极化 SAR 成像;② 德国 L 波段 Oberpfaffenhofen 地区的极化 SAR 图像,图像大小为 212 像素 × 387 像素,该图是由德国航空中心提供的 E-SAR 卫星数据;③ CONVAIR 卫星拍摄的 Ottawa 地区的 10 视极化 SAR 数据,大小为 222 像素 ×342 像素;④ RadarSAT-2 卫星 C 波段在中国拍摄的国内某地区 8m 分辨率的极化 SAR 数据,大小为 5122 像素 × 512 像素。另外,第二幅图像和合成图像有对应的真实分类图,且这两个数据对应的分类精度也在实验结果中给出。

实验设置如下:在极化边线检测中,选用 3 个尺度 18 个方向的滤波器,因为它们足以描述不同的地物类型。素描线段选择中的 CLG 阈值由素描线段重要程度直方图自适应地选择。δ_1 和 δ_2 根据聚集度直方图自适应选择。实验硬件环境的计算机配置为 Intel core i3 3.20 GHz 的处理器和 4.00 GB RAM。

另外,为了验证 HS-SM 的有效性,我们对比了 6 个相关的方法,分别为 ① SPECR 方法 [55],该算法是基于散射功率熵和共极化比的无监督的极化 SAR 分类方法;② 基于马尔可夫随机场(Markov Random Field,MRF)的 Wishart 分类方法 [161],该算法将上下文信息加入 Wishart 分类器中,能够抑制噪声,提高分类结果的区域一致性;③ 谱图划分方法(Spectral Graph Partitioning,SGP)[152],该算法包含两个阶段,分别使用轮廓和极化信息来计算相似性;④ 基于二叉树(Binary Partition Tree,BPT)的方法 [184],该算法层次地构建二叉树,并使用剪枝准则进行分类;⑤ 基于堆叠自编码(Stacked Auto-Encoder,SAE)的方法,该算法与提出的方法相似,但将 HSM 用 SAE 方法 [129] 学到的深度特征进行替换,使用深度特征进行层次合并,并和 H/α-Wishart 分类结果进行融合,得到最终的分类结果;⑥ MSSM 方法,该算法是专门设计的对比算法,它是通过融合均值漂移过分割结果和 H/α-Wishart 分类结果得到的无监督的分类方法。最后两个方法的设计都是为了验证 HSM 的有效性。

4.5.2 合成极化 SAR 图像的实验结果和分析

图 4.4(a) 是一个合成的极化 SAR 伪彩图,图 4.4(b) 是对应的真实分类图。我们可以看出合成图像由海洋、城区和森林三类组成,城区和森林是聚集地物类型,且地物内部有强烈的明暗变化。

图 4.4(c)~(h) 展示了本章提出的方法和其他对比方法的分类结果。可以看出,与对比算法相比,本章提出的算法能够获得更好的区域一致性,尤其是在城区和森林地区。另外,本章提出的算法对圆圈和正弦曲线的边界都能较完整的保留。正弦曲线很难完全保留,因为在 Wishart 分类中森林和海洋就有部分混淆的现象。由于 MSSM 算法没有使用 HSM,因此在城区部分出现一些错分现

象。虽然 SGP 算法能够得到区域较为一致的分类结果，然而，它会在海洋和森林部分产生一些混淆和错分。另外，如图 4.4(f) 所示，SPECR 算法能够很好地保持地物边界，但是，由于它是像素级的分类方法，会产生一些椒盐噪声式的分类结果。Wishart-MRF 算法的分类结果如图 4.4(g) 所示，它在森林地区产生了一些错分。最后，SAE 算法虽然能够获得好的区域一致性，但正弦曲线基本消失了。

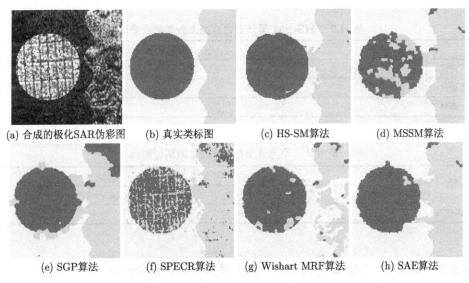

(a) 合成的极化SAR伪彩图　(b) 真实类标图　(c) HS-SM算法　(d) MSSM算法
(e) SGP算法　(f) SPECR算法　(g) Wishart MRF算法　(h) SAE算法

图 4.4　不同算法对合成极化 SAR 图像的分类结果

HS-SM 算法和其他算法对比对合成极化 SAR 图像的分类精度如表 4.1 所示。HS-SM 算法对应的混淆矩阵如表 4.2 所示。从表 4.1 可以看出，本章算法的平均分类正确率为 97.06%，比其他算法分别高出 8.30%、8.44%、12.9%、13.6% 和 1.88%。从表 4.2 可以看出，本章算法将部分海洋错分为了森林，这是因为在 Wishart 分类中发生了错分。另外，HS-SM 算法和其他算法的运行时间如表 4.3 所示，可以看出，HS-SM 算法和 SAE、SPECR 算法花费几乎相同的时间，但却获得了更好的分类结果。HS-SM 算法的运行时间主要花费在极化素描图的构造上，因为在极化 CFAR 边线检测和素描线选择时，Wishart 测度中的矩阵操作非常耗时。

表 4.1　6 种算法在合成图像的分类精度　　　　　　单位/%

算法	海洋	城区	森林	分类精度
HS-SM	95.97	**96.86**	**98.36**	**97.06**
MSSM	92.27	72.62	96.39	88.76
SGP	87.14	95.56	83.17	88.62
SPECR	94.62	68.80	89.00	84.14
Wishart-MRF	**99.23**	92.47	58.52	83.41
SAE	93.64	96.11	95.79	95.18

表 4.2　HS-SM 算法在合成图上分类的混淆矩阵　　　　单位/%

	海洋	城区	森林
海洋	95.97	0.42	3.61
城区	2.67	96.86	0.47
森林	1.32	0.32	98.36

表 4.3　不同算法在合成图上的运行时间

时间	算法					
	HS-SM	MSSM	SGP	SPECR	Wishart-MRF	SAE
时间/s	126.31	11.24	101.87	128.50	68.41	118.45

4.5.3　E-SAR 卫星 L 波段极化 SAR 图像实验结果和分析

　　E-SAR 卫星拍摄的 Oberpfaffenhofen 地区分别率为极化 SAR 数据用来进行算法有效性测试，该数据是 L 波段的大小为 0.92 像素 × 1.49 像素，3.00 像素 × 2.20 像素的图像。图 4.5(a) 是极化 SAR 伪彩图，图 4.5(b) 是对应的真实类标图。另外，从 Google Earth 上得到的对应的光学图像也展示在图 4.5(c) 中作为参考。可以看出，该图像主要有 5 类：森林、城区、道路、农田和其他类。真实类标图是根据光学遥感图和标记图[85] 得到的，因此，可能不够精准，只是考虑了图像中的主要地物。另外，由于农田所占的面积很小，如图 4.5(b) 所示，因此我们在计算正确率时忽略该类。

　　HS-SM 算法和其他算法的分类结果如图 4.5(d)~ 图 4.5(i) 所示，这些算法的分类正确率在表 4.4中显示。表 4.5为 HS-SM 算法的混淆矩阵。

第 4 章 基于层次语义模型和极化特性的极化 SAR 地物分类

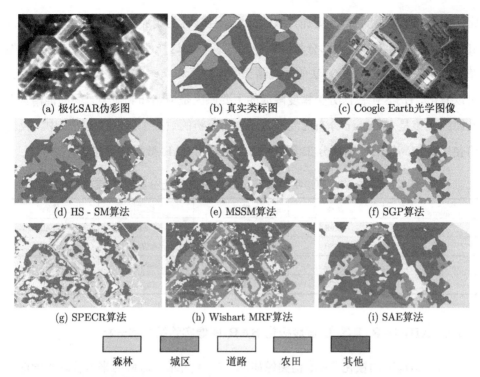

图 4.5 德国 E-SAR 卫星 L 波段 Oberpfaffenhofen 地区子图的分类结果

从表 4.4 和图 4.5 可以看出,与其他算法相比,HS-SM 算法能够得到更好的分类结果。具体来说,HS-SM 算法的平均分类精度为 71.15%,比其他 5 种算法分别高出 11.8%、18.2%、22.4%、23.7% 和 12.7%。其中,所有算法对道路都得到较低的分类精度。另外,在其他对比算法中,森林和城区被混淆,而本章算法能够对其进行很好分类,得到较高的分类精度。从图 4.5 可以看出,与其他算法相

表 4.4　6 种算法在 Oberpfaffenhofen 图上的分类精度　　单位:%

算法	地物类型				分类精度
	森林	城区	道路	其他	
HS-SM	90.89	**78.35**	45.51	**69.84**	**71.15**
MSSM	92.37	27.41	49.58	67.89	59.31
SGP	**93.88**	27.62	47.50	42.78	52.95
SPECR	92.84	6.000	**56.92**	39.32	48.77
Wishart-MRF	90.99	24.93	28.32	45.55	47.45
SAE	76.64	29.65	53.96	73.44	58.42

比，HS-SM 算法能够得到更加一致的区域，且森林的边界也能够清晰地定位。在 SPECR 算法结果中，大部分城区被分为了森林，这样使得表 4.4 中它们的分类精度严重失衡。在 SAE 算法的分类结果中，城区和森林也有部分混淆。从表 4.5 可以看出，HS-SM 算法分类精度降低的主要原因是道路和其他类之间的混淆。究其原因应该是 Wishart 分布已经不再适合高分辨的数据了。在后续工作中，我们将使用更加高级的非高斯分布模型对高分辨极化 SAR 数据进行建模。

表 4.5　HS-SM 算法在 Oberpfaffenhofen 图上分类的混淆矩阵　单位：%

	森林	城区	街道	其他
森林	90.89	5.190	1.280	2.640
城区	1.480	78.35	5.700	14.47
街道	0.260	17.76	45.15	36.58
其他	2.330	11.43	16.31	69.84

4.5.4　AIRSAR 卫星 L 波段极化 SAR 图像实验结果和分析

旧金山地区的极化 SAR 伪图像如图 4.6(a) 所示。对应的来自谷歌光学图像如图 4.6(b) 所示，从该图中可以看到多种地物类型，如城区、山脉、海洋、植被、桥梁等。

图 4.6(c) 展示了 HS-SM 算法的分类结果，对比算法 MSSM、SGP、SPECR、BPT 和 SAE 的分类结果分别展示在图 4.6(d) ~ 图 4.6(h)。由于 BPT 算法必须用矩阵 S 进行运算，而前面几幅极化 SAR 图像缺乏对应的 S 矩阵数据，因此，BPT 算法只在该图和后面的两幅极化 SAR 图像上进行测试，三幅图像足以说明该算法的性能。MSSM 算法与 HS-SM 算法使用相同的参数。另外，在本实验中，SPECR 算法的参数设置与文献 [55] 中的设置一致。

由于缺少该图对应的真实类标，无法计算各算法的分类精度，给出 Google Earth 上的光学图像作为真实地物的参考，如图 4.6(b) 所示。从图 4.6 中可以看出，HS-SM 算法（见图 4.6(c)）与其他算法（见图 4.6(d)~(h)）相比，能够获得更好的区域一致性和线目标保持。图 4.6(d) 在城区和桥梁处都出现错分情况，将城区分为多类。图 4.6(e) 为 SGP 算法的分类结果，可以看出该算法能够将海洋分为一致的区域，然而由于聚集区域的异质结构，它很难将城区分为一类。图 4.6(f)

的结果能够刻画很多细节,但把城区仍然分为了很多类。BPT 算法的分类结果如图 4.6(g) 所示,它能得到较好的一致区域,如海洋,然而,城区依然不能被分为语义一致的区域。另外,SAE 算法的分类结果如图 4.6(h) 所示,该算法与其他对比算法相比,能够得到更好的分类结果,因为深度特征能够将城区中的一些超像素进行合并,但仍有一些过分割的现象。

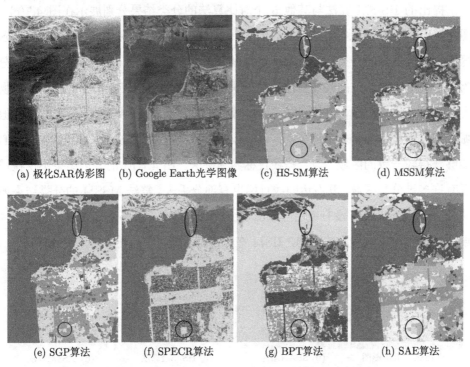

(a) 极化SAR伪彩图   (b) Google Earth光学图像   (c) HS-SM算法   (d) MSSM算法

(e) SGP算法   (f) SPECR算法   (g) BPT算法   (h) SAE算法

图 4.6　AIRSAR 卫星 L 波段旧金山地区的分类结果

如图 4.6(c) 所示,HS-SM 算法能够对各种地物进行较好的分类,如城区、森林、海洋、桥梁和植被。特别对于城区和海洋,该算法能够得到语义上一致的区域,而不是一些椒盐噪声式的分类结果图。语义上一致的区域对后续的图像理解是非常有帮助的,能够为进一步识别地物提供指导。另外,一些小目标也能够被清晰地保留下来,为了便于比较,图 4.6 中用圆圈标注。这个实验表明 HSM 的确提高了分类性能。另外,海洋边上的沙滩有所丢失,这是因为沙滩和海洋缺乏明显的边界。在后续工作中,我们会加入更加有效的特征对其进行分类。总之,有了 HSM,HS-SM 算法能够得到更好的分类结果,特别是对城区,能够得到语义上一致的区域。

4.5.5 CONVAIR 卫星极化 SAR 图像实验结果和分析

Ottawa 地区的极化 SAR 伪彩图如图 4.7(a) 所示,该图中有城区、铁路、裸地、农田和道路等。图 4.7(b) 是对应的 SPAN 图。

提出的 HS-SM 算法与其他 5 个对比算法的分类结果分别展示在图 4.7(c)~图 4.7(h) 中。与图 4.7(d)~图 4.7(h) 相比,HS-SM 算法(见图 4.7(c))能够得到区域一致性更好的分类结果,特别是在城区部分。图 4.7(c) 中城区部分能够被分为一个整个语义一致的区域,这归功于我们构建的 HSM,HSM 能够在聚集地物上提取到一致的区域。在图 4.7(e) 中,算法 SGP 也能得到较好的分类结果,但城区部分却被分为了多个过分割区域。BPT 算法也将城区分为了多类。图 4.7(f) 能够获得较一致的区域,但一些线目标容易丢失。图 4.7(h) 的分类结果不仅在城区有许多过分割区域,其右边的线目标也有部分丢失。算法 MSSM 的分类结果如图 4.7(d) 所示,由于没有使用区域图,在城区部分产生许多过分割块。这说明区域图对分类结果有较大的影响,HSM 在 HS-SM 算法中起着非常重要的作用。

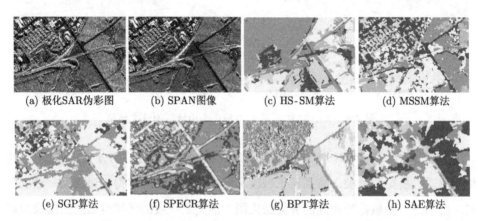

(a) 极化SAR伪彩图　　(b) SPAN图像　　(c) HS-SM算法　　(d) MSSM算法

(e) SGP算法　　(f) SPECR算法　　(g) BPT算法　　(h) SAE算法

图 4.7　CONVAIR 卫星 10 视 Ottawa 地区的分类结果

4.5.6 RadarSAT-2 卫星 C 波段极化 SAR 图像实验结果和分析

国内某地区的极化 SAR 伪彩图如图 4.8(a) 所示,对应的来自 Google Earth 光学图像如图 4.8(b) 所示。光学图像用来作为地物类型的参考,这两幅图像由于来自不同时期,地物可能发生小部分的变化。图像左上角为城区,右下角有部分村落,一条河流(渭河)从图中间穿过,几座桥梁横跨在河上,平行于桥梁的有一条铁路在图的右上角。

本章算法和其他 5 种对比算法的分类结果如图 4.8(c)~图 4.8(h) 所示,该图主要有 4 种地物类型,即城区、村落、河流和裸地。还有一些线目标,如桥梁、铁路等。图 4.8(c) 与其他对比结果相比,在城区和裸地上都能够得到较好的分类结果,它能够将城区分为语义一致的一类,而其他算法虽然能够得到更多的细节,但将城区分为了多类的混杂,这难以帮助人们对图像进行进一步地理解。在图 4.8(e)、图 4.8(g) 和图 4.8(h) 中,河流边界都已经丢失,但城区仍然被分为了多个过分割的区域,这是因为对全图使用相同的合并策略,河流边界由于灰度变化较弱而被合并,而城区有强烈的亮暗变化,很难被合并。从图 4.8(c) 可以看出,HS-SM 算法能较好地检测桥梁和铁路,且对河流的边界也进行了很好的保持。本实验进一步说明了区域图的重要性,基于 HSM,提出的方法不仅能够得到语义一致的区域,也能够对边界和线目标进行保持。

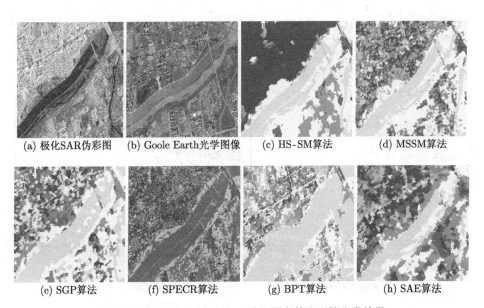

(a) 极化SAR伪彩图　(b) Goole Earth光学图像　(c) HS-SM算法　(d) MSSM算法

(e) SGP算法　(f) SPECR算法　(g) BPT算法　(h) SAE算法

图 4.8　RadarSAT-2 卫星 C 波段国内某地区的分类结果

4.5.7 参数分析

在提出的算法中，主要有 4 个参数需要用户进行调整，即 δ_1, δ_2, k 和 N_r，它们分别表示聚集度阈值、空间约束阈值、最近邻个数和层次分割的区域数。前 3 个参数都是第 2 章中 HSM 构建需要的参数，最后一个是语义分割中的参数。这 4 个参数对分类结果的影响分别在合成图像（图 4.4(a)）和 Oberpfaffenhofen 地区图像（图 4.5(a)）上进行测试，实验结果分别展示在图 4.9 和图 4.10 中。另外，由于 δ_1 和 δ_2 能够由 ADH 自适应确定，为了更好地分析这些参数，我们将这两个数据对应的 ADHs 也展示在图 4.11(a) 和图 4.11(b) 中。

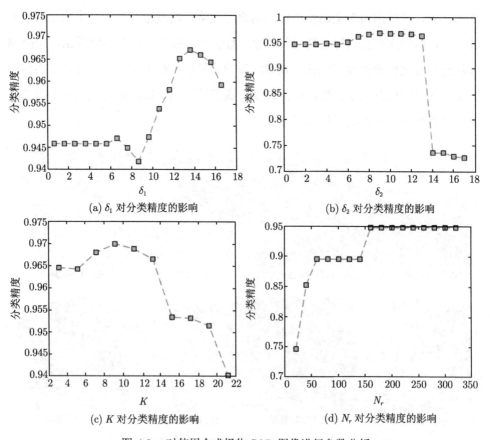

(a) δ_1 对分类精度的影响

(b) δ_2 对分类精度的影响

(c) K 对分类精度的影响

(d) N_r 对分类精度的影响

图 4.9　对使用合成极化 SAR 图像进行参数分析

首先，对 δ_1 进行分析，因为该参数对分类精度影响较大。以图 4.4(a) 为例，

δ_1 对分类精度的影响如图 4.9(a) 所示。在本实验中，对 δ_1 从 1 到 17 分别进行测试，可以看出，当 $\delta_1 < 11$ 时，分类精度较低，而当 $\delta_1 > 11$ 时，分类精度快速提高，并在 $\delta_1=14$ 时达到最高点。根据图 4.11(a) 中的 ADH 可以看出，14 正是 ADH 曲线的波谷，这表示大部分线段应该是 AS，对应的比例因子 r 为 92%，这与式（3-17）给出的经验值相符。图 4.10(a) 也能得到相似的结论。因此，δ_1 可以根据比例因子 r 自适应的计算，根据经验，r 一般在 90%~95% 选择。

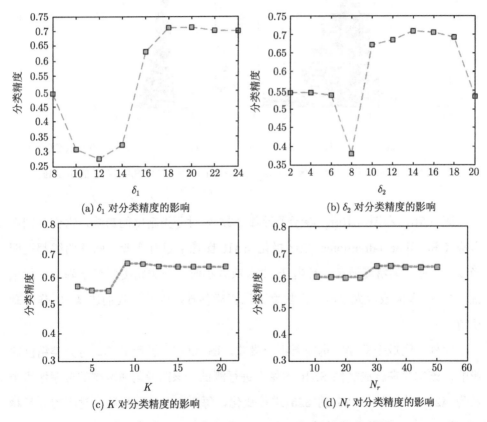

图 4.10 对 Oberpfaffenhofen 地区图像进行的参数分析

δ_2 也是获取区域图的重要参数。δ_2 对分类精度的影响如图 4.9(b) 和图 4.10(b) 所示，从图 4.9(b) 可以看出，当 $\delta_2 < 14$ 时，分类精度曲线变化平缓，且当 $\delta_2=9$ 时达到最大值。这表明当 δ_2 在最优值附近时，对分类结果的鲁棒性比较强。另外，从图 4.11(a) 可以看出，最优解 $\delta_2=9$ 正是 ADH 的极值点。相似地，图 4.10(b)

中 δ_2 的最优解为 14,这个值也正是比图 4.11(b) 中 ADH 的极值点稍大一些。在图 4.11(a) 和图 4.11(b) 中,AD 的平均值分别是 10 和 13,与最优解很相近,因此,δ_2 可以近似地由平均聚集度来计算。这样,δ_1 和 δ_2 就可以根据 ADH 自适应地确定了。

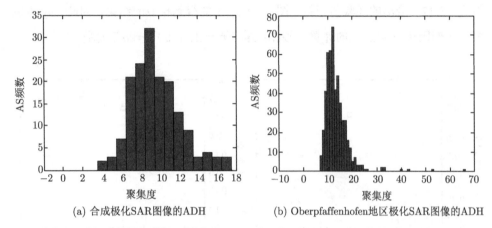

(a) 合成极化SAR图像的ADH (b) Oberpfaffenhofen地区极化SAR图像的ADH

图 4.11 合成极化 SAR 图像和 Oberpfaffenhofen 地区极化 SAR 图像的 ADHs

图 4.9(c) 和图 4.10(c) 展示了近邻个数 k 对分类精度的影响,它们分别在合成图和 Oberpfaffenhofen 地区极化 SAR 图像上进行实验。两条曲线都说明当 $k=9$ 时分类精度最高,且当 k 太大或太小时,分类精度明显下降。一般来说,当 k 太大或者太小时,聚集度无法正确估计,因此,我们选 $k=9$ 作为默认值。

此外,区域个数 N_r 也需要用户设置,图 4.9(d) 展示了 N_r 对分类精度的影响,该实验在合成极化 SAR 图像上进行测试。该图像匀质区域的总超像素个数为 420,将 N_r 从 25 到 325 进行变化,每隔 20 进行测试,对应的分类精度如图 4.9(d) 所示。可以看出,当 N_r 较小时,分类精度低。当 N_r 大于 165 后,分类精度基本不变。相似的趋势也能在图 4.10(d) 中看到,这表明过分割比欠分割的分类精度高,因此,为了保证得到过分割图,一般将 N_r 设为一个稍大的值。

4.6 本章小结

在本章中，使用层次语义模型对极化 SAR 图像进行划分，将一幅极化 SAR 图像分为聚集、结构和匀质三种结构类型区域。另外，我们考虑不同区域类型的特点，设计适合该区域的合并策略进行分割。最后，采用语义–极化分类器对极化 SAR 图像进行分类，该分类器融合了语义分割和极化机理分类的优势，得到区域一致性好、类别精确的分类结果。实验结果表明，本章提出的 HS-SM 算法与现有算法相比，能够得到区域一致性更好的分类结果，特别是对聚集地物类型，能够得到语义一致的分类结果。因此，本章算法适用于中低分辨率的极化 SAR 图像的复杂场景分类，图像包含多种地物类型，且存在聚集地物类型，本章算法能够有效地将聚集地物分为语义上一致的区域。

此外，区域图也能够被广泛应用到极化 SAR 图像的其他处理上，如图像分割、图像去噪、目标识别等。HS-SM 算法为极化 SAR 图像处理提供了新的框架，通过将复杂场景划分为类型相对一致的三个子空间，并对不同子空间设计不同的模型。

然而，本章算法存在一些人为设定的参数，在后续的工作中，我们将设计更加自适应的参数提供方法，并减少参数量。另外，我们应该挖掘素描线段的更多空间关系，对图像进行进一步的分类和识别。

第 5 章 基于极化素描图和自适应邻域 MRF 的极化 SAR 地物分类

5.1 引　　言

极化 SAR 地物分类是图像处理的重要任务，是目标识别和图像解译的基础。然而，由于斑点噪声的影响，传统的极化 SAR 分类方法很难得到既有好的区域一致性又能很好保持边界的分类性能。在过去的几十年中，马尔科夫随机场（Markov Random Field，MRF）方法[42,161,185,186]已经被证明是一个有效的分类工具，它能够整合极化 SAR 数据的统计特性和图像的上下文信息，因此，本章选择 MRF 方法对极化 SAR 图像进行分类。

MRF 框架包括观测项和先验项，它通过最小化能量函数得到观测数据的类标。极化 SAR 数据的统计特性可以通过观测项很好地表示，上下文信息可以加入在先验项中。上下文信息通常指空间邻域信息。MRF 方法[161]中的固定邻域结构（如 3×3 邻域），由于没有考虑边界的方向，很容易造成过平滑现象。例如使用 3×3 邻域结构[186,187]，容易使道路等一些 1~3 个像素宽的线目标丢失。为了克服这些缺点，许多自适应的 MRF 方法[42,188-192]被提出。后来，包含 4 个方向和 3×3 邻域的 5 个邻域结构被应用到图像分类中[42,193]。在文献 [188] 中，一个模糊的边/非边函数用来选择邻域结构。然而，边线检测算法对斑点噪声比较敏感。在文献 [191] 中，先验知识用来自适应的选择 5 个邻域结构，并得到了较好的性能。然而，4 个方向并不能够描述极化 SAR 图像的所有结构，因为图像中含有多尺度、多方向各种地物结构。文献 [192] 提出了形状自适应块的非局部方法（Non-Local Method with Shape-Adaptive Patches，NLM-SAP）用来进行图像去噪。该算法构造一组形状块，并对每个像素使用非局部滤波方法自适应选择邻域形状块。然而，由于缺乏边界位置信息等先验知识，对所有像素都进行自适应形状选择依然非常困难。

根据以上分析，我们总结出传统 5 个邻域的自适应 MRF 方法有两大问题。第一，由于缺乏真正边界的位置信息，由斑点噪声引起的伪边界会被检测到，并引起不正确的邻域选择；第二，4 个方向并不足以完全表示极化 SAR 图像的各种边界方向。因此，边界位置和方向对于邻域选择非常重要。事实上，极化 SAR 图像的边界和线目标属于结构区域，这些区域有较大的灰度变化，那些有很少灰度变化的一致地物类型属于非结构区域。因此，主要的难点是找到结构和非结构区域的位置，并自适应地选择邻域结构去刻画不同区域的局部变化。

为了解决这个问题，本章提出了一种新的自适应 MRF 方法，该方法通过区域划分来构建邻域结构。首先利用极化肃穆图得到区域划分，将极化 SAR 图像划分为结构和非结构区域。同时，对每个区域构建不同的邻域结构。图像划分是非常有挑战性的问题，因为它是图像处理的逆问题[194]。一些图像分解模型[194-196]也被提出来，用于划分自然图像，这些模型通过最小化总方差，将一幅图像分解为结构和纹理部分。这些方法能够得到较好的性能，然而，作为平衡两部分的重要参数，权重因子很难设置。

最近，根据 Marr 的视觉计算理论[197]，我们提出了极化素描图，将极化 SAR 图像划分为结构和非结构两部分，该素描图考虑了极化 SAR 图像的散射特性和斑点噪声，能够有效地刻画图像的结构。素描图中的素描线段有长度和方向，与其他图像分解的算法相比，极化素描图不仅能够提供边界位置信息，还能从素描线段得到边界方向。在结构区域中，根据素描线段不同的方向，可以构建很多邻域结构进行选择。

此外，在 MRF 框架中，模型的观测项[42]也非常重要，它描述了极化 SAR 数据的统计分布。根据完全发展相干斑假设，相干矩阵的 Wishart 分布[198]已经被广泛应用到极化 SAR 图像的分类中[199]。然而，对于高分辨的极化 SAR 图像或异质区域，一致性假设已经不再满足。最近几年，一些非高斯模型已经被提出，如 K 分布[40]，G0 分布[42]和 Kummer U 分布[44]。本章选用 G0 分布是因为它不仅能够刻画一致区域，还能够有效描述异质和极其异质区域。

本章提出一种新颖的基于自适应邻域 MRF 的极化 SAR 图像分类方法。与现有的基于 MRF 的分类方法相比,该算法有三个特点:① 本章提出了一种新的 MRF 分类框架,该框架首先使用极化素描图将图像划分为结构和非结构区域,并对不同区域类型设计自适应的邻域结构。极化素描图能够提供图像边界的方向和位置信息,并指出边和非边区域,同时去掉斑点噪声引起的多边和伪边现象。② 在结构区域,学习 18 个方向的几何加权邻域结构,这与传统的 4 个方向的邻域结构相比,能够保持更多的细节。另外,我们构造了修正的能量函数,用来控制平滑程度。③ 对非结构区域,为了获得更加一致的区域,我们设计局部最大一致区域来进行区域内类合并。此外,采用 G0 分布对极化 SAR 数据进行建模。实验结果表明,与现有的方法相比,本章提出的方法能获得更好的区域一致性和边界保持。

5.2 极化素描图

Marr 在他的《*Vision*》[197] 一书中提出了初始素描模型,该模型能够将一幅自然图像划分为结构和非结构部分。基于 Marr 的视觉计算理论,朱松纯等人[110]给出了素描模型的具体数学形式和实现方法。在初始素描模型中,我们得到一幅素描图,该图是由多条素描线段构成,主要表示图像的结构部分。然而,初始素描模型并不适合于极化 SAR 图像,因为极化 SAR 图像与自然图像的成像机理和噪声模型完全不同。

基于初始素描模型,刘芳、石俊飞等人提出了极化素描模型[241],该模型考虑了极化 SAR 图像的极化特性和斑点噪声,是极化 SAR 图像的稀疏表示。极化素描模型的构建过程主要包括两步:一是极化边线检测,二是素描线选择。具体地,首先,我们提出了极化边线检测算法对图像进行边线检测得到边图,并使用素描追踪算法[110] 从边图中提取素描线段;然后,使用假设检验方法对素描线段进行重要性计算并对素描线进行选择,这是为了去除斑点噪声引起的伪边界,得到最终的极化素描图。以图 5.1为例,图 5.1(a) 是 Ottawa 地区的 SPAN 图,图 5.1(b) 是对应的极化素描图。从图 5.1(b) 中可以看出,在图像亮暗变化的结构区域有素描线段出现,而非结构区域没有素描线。

第 5 章 基于极化素描图和自适应邻域 MRF 的极化 SAR 地物分类

极化素描图中的素描线段有长度和方向,这使得极化素描图与传统边线检测算法[153]得到的边图有很大差异。另外,极化素描图的视觉基元是线段、角、连接点等,而不再是图像像素。它比边图更加稀疏,因为边图没有角、线段等概念,只是图像灰度变换的一种表示。因为有了视觉基元,极化素描图更容易被人类感知,同时,与边图相比,素描图能够去掉多边和伪边现象,更好地表示图像结构。

从图 5.1 中可以看出,素描线段只有单像素宽,而极化 SAR 图像的结构区域一般都有特定的宽度。因此,本章采用几何结构块[138]对结构区域进行提取。如图 5.1(c) 所示,绿色箭头代表素描线段,几何结构块是沿着素描线段方向的长方形,且中点在素描线段上。一般来说,极化 SAR 图像的边界和线目标不超过 5 像素宽,若线目标超过 5 像素,则会检测到两条边界。因此,几何结构块宽度选为 5 对提取极化 SAR 图像的结构区域已经足够。这里,结构块里的每个像素都与它对应的素描线段方向一致。通过将几何结构块覆盖到素描线段的每个像素上,我们得到了结构区域。这样就形成了一种区域划分图,该图将极化 SAR 图像划分为结构和非结构区域,这是粗略的图像划分,构成了中层视觉表示。

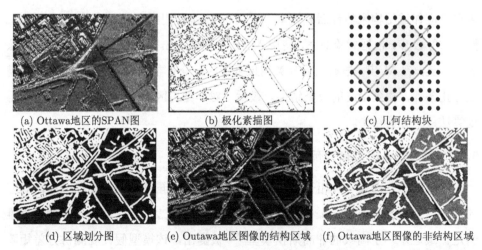

(a) Ottawa地区的SPAN图　　(b) 极化素描图　　(c) 几何结构块

(d) 区域划分图　　(e) Outawa地区图像的结构区域　　(f) Ottawa地区图像的非结构区域

图 5.1　区域划分示例图(见彩插)

图 5.1(d) 展示了极化 SAR 图像的区域划分图,白色是结构区域,黑色是非

结构区域。图 5.1(e) 和图 5.1(f) 分别展示了极化 SAR 图像的结构和非结构区域。将图 5.1(e) 非结构区域的像素置为零，将图 5.1(f) 结构区域像素置为 255。可以看出，根据区域划分图，将图像划分为结构和非结构区域，结构区域通常含有大量细节，在分类过程中应该注意保持细节，防止过平滑。非结构区域几乎没有细节，我们主要考虑它的区域一致性。

5.3 基于极化素描图和自适应邻域 MRF 的极化 SAR 地物分类算法

本章提出了一种基于 G0 分布的自适应邻域 MRF 分类方法（定义为"G0_AMRF_C"）。为了更好地理解该算法框架，图 5.2 展示了该算法的流程图。对于输入的极化 SAR 数据，首先使用精致 Lee 滤波[143]对图像进行去噪。然后，使用极化素描模型提取区域划分图，将极化 SAR 图像划分为结构和非结构区域。另外，使用 K 均值方法得到初始分类，根据初始分类和区域划分图，进一步挖掘自适应 MRF 方法，该算法使用分类期望最大算法（Classification Expectation Maximum，CEM）[193,200]来优化能量函数。具体地，若像素在结构区域中，则使用自适应邻域结构来估计后验概率；否则在 E 步使用固定邻域来估计后验概率。然后，在 C 步，根据后验概率，使用 MAP（Maximum A Posteriori，MAP）算法进行分类。在 M 步，根据当前分类结果重新估计分布参数，这样迭代进行直到满足停止条件，得到最终的分类结果。最后，对非结构区域使用区域合并策略，得到算法最终分类结果。

5.3.1 极化 SAR 数据分布

在分辨单元内是一致相干斑的假设下[9]，散射向量被认为是高斯分布，对应的协方差矩阵服从 Wishart 分布。然而，对异质地物表面，区域一致性假设很难满足。最近，一个高级的非高斯积模型[37]被提出，该模型假设观测协方差矩阵 C 是两个独立成分的积。一个是尺度纹理项 μ，表示平均散射的变化（这里的纹理指纹理参数），另一个是一致协方差矩阵 C_h，它服从复 Wishart 分布，因此，极化 SAR 数据的积模型可以表示为[37]

$$C = \mu C_h \tag{5-1}$$

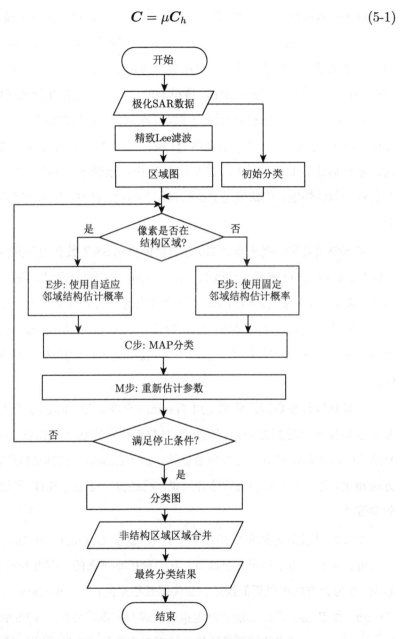

图 5.2 G0_AMRF_C 算法流程图

其中,C_h 和 μ 是相互独立的。给定确定的复 Wishart 分布 C_h,积模型的特性主要受纹理变量 μ 的影响。

对于一致区域，协方差矩阵服从 Wishart 分布，纹理部分建模为常数。当纹理部分建模为 Gamma 分布时，对应的协方差矩阵满足已知的 K 分布[40]，该分布对森林区域非常合适。当纹理模型建模为逆 Gamma 分布时，协方差矩阵服从 G0 分布[42,43]。与 K 分布相比，该模型能更好地描述极其异质区域，特别是城区。最近，Fisher 分布被提出用来建模纹理部分，对应的协方差矩阵满足多变量 Kummer U 分布[201]，该模型有两个参数，对异质区域有较好的效果[44,202]。然而，参数估计是非常耗时的，在文献 [42] 中，已经证明 G0 分布与 Kummer U 分布有相似的性能，但却使用更少的时间。因此，选择 G0 分布来建模极化 SAR 数据。

本章使用真实数据来验证 G0 分布建模极化 SAR 数据的有效性。使用 CONVAIR 卫星拍摄的 Ottawa 地区的全极化 SAR 数据进行测试。我们从城区部分提取 50 像素 × 50 像素的结构块。对于每个像素，使用观测协方差矩阵 C 与块估计的一致协方差矩阵 C_h 来估计纹理参数 μ。在大多数情况下，需要同时求解纹理参数 μ 和一致协方差矩阵 C_h。因此，使用交叉迭代算法[39]来同时估计 μ 和 C_h。

计算好纹理参数后，分别使用 Gamma 分布、逆 Gamma 分布和 Fisher 分布来近似拟合纹理直方图。使用矩阵对数累积量方法（Matrix Log-Cumulants，MoMLC）[46] 对这些分布进行参数估计，该方法是基于梅林变换的，与其他估计方法相比，能够得到更精确的估计结果，已经被广泛用在 SAR 和极化 SAR 图像的参数估计。

图 5.3 展示了真实数据的纹理直方图，以及 Gamma、逆 Gamma 和 Fisher 分布近似曲线。为了显示分布细节，我们使用不平衡的 x-轴坐标标记方法。可以看出，纹理直方图可以近似描述为高尖峰长拖尾的曲线。和 Gamma 分布相比，逆 Gamma 和 Fisher 曲线都能更好地拟合纹理直方图。另外，与 Fisher 分布曲线相比，逆 Gamma 曲线能够更好地拟合纹理直方图的"头"。因此，城区部分的协方差矩阵可以由 G0 分布更好地描述。

当使用逆 Gamma 分布构建模纹理项时，观测协方差矩阵 C 服从 G0 分布，其概率密度函数[46] 定义如下

$$p(\boldsymbol{C}|\boldsymbol{\Sigma},L,\lambda)_G = \frac{L^{Ld}|\boldsymbol{C}|^{L-d}\Gamma(Ld+\lambda)(\lambda-1)^\lambda}{\Gamma_d(L)|\boldsymbol{\Sigma}|^L\Gamma(\lambda)} \cdot$$
$$(L\mathrm{Tr}(\boldsymbol{\Sigma}^{-1}\boldsymbol{C})+\lambda-1)^{-\lambda-Ld}, (\lambda>0) \tag{5-2}$$

其中，L 是协方差矩阵的视数，d 是散射向量的维数。$\mathrm{Tr}(\cdot)$ 是矩阵求迹操作，$\boldsymbol{\Sigma} = \mathrm{E}\{\boldsymbol{C}\}$ 是协方差矩阵的期望。$\lambda > 0$ 是形状参数，反映了极化 SAR 数据的一致程度。对于不同的 λ，G0 模型能够自由地描述一致、异质和极其异质区域[203,204]。具体来说，λ 值越大，目标异质程度越小。当 $\lambda \to +\infty$，它描述了一致区域，对应的观测协方差矩阵服从 Wishart 分布。

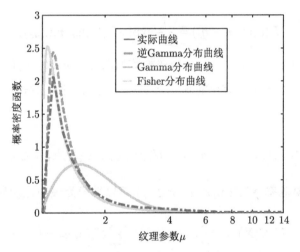

图 5.3 真实数据的纹理直方图和非高斯模型的近似曲线

5.3.2 基于素描图的自适应 MRF 模型

1. MRF 模型

MRF 模型[161]已经被广泛应用在图像分类上，它通过最大后验概率得到观测数据的类标。假设 $X = \{x_s\}, s \in S$ 是输入图像的观测数据，s 是像素位置，S 是所有位置的集合，且 x_s 是位置 s 处的数据。对应的类标为 $C = \{c_s\}$，$s \in S, c_s \in \{1, 2, \cdots, k\}$，其中，$k$ 为图像中的总类数。根据贝叶斯理论，对于位置 s 上的一个像素，给定观测数据和邻域集合 η_s 上的类标 c_r，类标 c_s 的后验概

率可以写为

$$P(c_s|x_s, c_r, r \in \eta_s) = \frac{P(x_s|c_s)P(c_s|c_r, r \in \eta_s)}{P(x_s)} \quad (5\text{-}3)$$

由于 x_s 与 c_r 是相互独立的,且 x_s 已知。$P(x_s)$ 是正常数,可以忽略。这样,式 (5-3) 可以写为

$$P(c_s|x_s, c_r, r \in \eta_s) \propto P(x_s|c_s)P(c_s|c_r, r \in \eta_s) \quad (5\text{-}4)$$

使用 Gibbs 表示 [205] 可以得到

$$P(x_s|c_s) = \frac{1}{Z_1} \exp(-U_1(x_s|c_s)) \quad (5\text{-}5)$$

$$P(c_s|c_r, r \in \eta_s) = \frac{1}{Z_2} \exp(-U_2(c_s|c_r, r \in \eta_s)) \quad (5\text{-}6)$$

其中,$U_1(x_s|c_s) = -\ln P(x_s|c_s)$ 是观测数据的能量函数,$U_2(c_s|c_r, r \in \eta_s) = \sum_{k \in \Lambda} V_k(c)$ 是邻域系统中所有可能基团 Λ 的基团势能之和。对式 (5-4) 使用对数变换,可以得到

$$U(c_s|x_s, c_r, r \in \eta_s) = -U_1(x_s|c_s) - U_2(c_s|c_r, r \in \eta_s) \quad (5\text{-}7)$$

因此,最大后验概率 $\sum_S P(c_s|x_s, c_r, r \in \eta_s)$ 可以转换为最小化能量函数 [161],即

$$U(C|X) = \sum_S U_1(x_s|c_s) + \sum_s U_2(c_s|c_r, r \in \eta_s) \quad (5\text{-}8)$$

其中,U 为能量函数,由两部分组成。U_1 是观测数据项,U_2 为平滑项能量,η_s 是 s 的邻域集合。

MRF 的第二项通常用来描述图像的局部依赖性。一个合理的空间邻域关系不仅能够平滑一致区域,还能够保持边和线目标的结构细节。为了充分挖掘极化 SAR 图像的上下文信息,我们提出了自适应邻域 MRF 方法,该方法使用极化素描图来指导自适应邻域结构的学习,并定义了修正的自适应能量函数。

2. 结构区域: 几何加权邻域结构

根据区域划分图,我们提出了自适应的几何加权邻域结构,该邻域结构能够更好地保持结构信息。传统 4 个方向的 MRF 方法 [42,186,206] 不能够完整描述图像

的结构信息，因为地物目标是多种方向的。在区域划分图中，结构区域含有大量的方向信息，而不只是 4 个方向。这是因为素描线段是由多个尺度多个方向的滤波器得到的，例如，我们选用 6 个尺度 18 个方向的滤波器进行边线检测，得到素描图。这样，素描线段含有 18 个方向。在这种情况下，在结构区域可以构造出 18 个方向的几何加权邻域结构，如图 5.4 所示，黑色像素的权重为 0，像素越亮，权重越大。

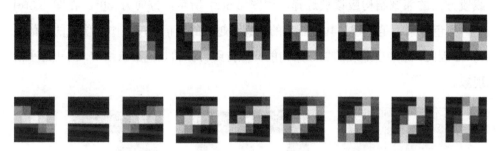

图 5.4　18 个方向的几何加权邻域结构

以 5×5 窗口为基，在窗口内，不同方向的邻域定义为不同方向的中线穿过的那些像素，中线是指穿过窗口中心沿着某个方向的直线。另外，邻域结构数目可以根据滤波器方向数的变化而变化。对于非结构区域，我们选用固定邻域窗来描述局部依赖性。

在传统的 MRF 方法中，邻域的所有像素对中心像素有相同的重要性，在先验项中的贡献程度是一样的。然而，当斑点噪声出现时，这样的设计并不合理，因为斑点噪声会影响正确类标的判定。我们可以采用加权的方法[207,208]计算邻域像素的重要性。我们定义了每个邻域像素的模糊隶属度来刻画它到中心像素的置信程度。在一个局部窗内，观测协方差矩阵近似满足 Wishart 分布，邻域像素的置信程度可以由 Wishart 距离[156]来计算。然而，由于 Wishart 距离不是对称的，因此，我们采用修正的 Wishart 距离[209]来测量像素 s 和 r 的相似性，即

$$D_w = \frac{1}{2}\{\ln|\boldsymbol{C}_r| + \ln|\boldsymbol{C}_s| + \mathrm{Tr}(\boldsymbol{C}_r^{-1}\boldsymbol{C}_s + \boldsymbol{C}_s^{-1}\boldsymbol{C}_r)\} \tag{5-9}$$

其中，D_w 是像素 r 和 s 的修正的 Wishart 距离。$\boldsymbol{C}_r$ 和 $\boldsymbol{C}_s$ 分别是像素 r 和 s 的协方差矩阵，$\mathrm{Tr}(\cdot)$ 是矩阵求迹操作。这样，像素 r 对中心像素 s 的置信程度

定义为[210]

$$w_{rs} = \exp(-D_w) \tag{5-10}$$

以图 5.5(a) 为例，图中有两个一致区域和一个倾角为 30° 的边界。点 A 在非结构区域，点 B 在结构区域。对于点 A，应该选择图 5.5(b) 中的 3 像素 ×3 像素邻域结构，邻域窗中的每个像素均含有相同的权重。对于点 B，沿着素描线段方向的邻域结构应该被选择，如图 5.5(c) 所示，方向为 30°。在图 5.5(c) 中，黑色像素不是邻域，其他越亮的像素有越大的置信程度。中心像素的置信度为 1。因此，这些自适应的邻域结构能够保持线目标和其他形状细节，防止过平滑现象。

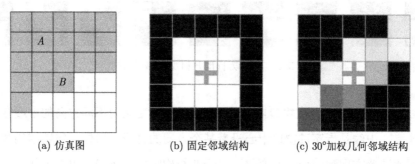

(a) 仿真图　　　(b) 固定邻域结构　　　(c) 30°加权几何邻域结构

图 5.5　基于区域划分的自适应邻域结构选择示例

3. 修正的自适应能量函数

根据 Hammersley-Clifford 等价理论[205]，MRF 可以用 Gibbs 分布表示。多层 Ising 模型[211] 经常用来建模邻域类标的分布，这样，Gibbs 能量函数可以写为[161]

$$U_2(c_s|c_r, r \in \eta_s) = -\beta \sum_{r \in \eta_s} \delta(c_r, c_s) \tag{5-11}$$

其中，β 是平滑项的权重，用于控制平滑程度，η_s 是像素 s 的邻域集合，$\delta(\cdot)$ 是 Kronecker delta 函数，定义为

$$\delta(c_s, c_t) = \begin{cases} 1, c_s = c_t \\ 0, c_s \neq c_t \end{cases} \tag{5-12}$$

在文献 [42] 和文献 [206] 中，为了保持边界信息，使用 4 个方向邻域结构来建模 MRF 的平滑项，自适应能量函数定义如下

$$U_2(c_s|c_r, r \in \eta_s) = -(1-b_s)\beta \sum_{r \in \eta_s} \delta(c_s, c_r) \tag{5-13}$$

其中，b_s 用来测量邻域集合 η_s 的一致程度。b_s 定义为[143,212]

$$b_s = \frac{G(x)}{V(x)}, (x \in \eta_s) \tag{5-14}$$

$$G(x) = \begin{cases} \frac{V(x) - \bar{x}^2 v^2}{(1+v^2)}, & (V(x)/\bar{x}^2 > v^2) \\ 0, & (V(x)/\bar{x}^2 < v^2) \end{cases} \tag{5-15}$$

其中，$V(x)$ 描述局部变化，$\bar{x}$ 是邻域窗的局部均值，v 是斑点程度测量，它可以由邻域窗中的"标准差/均值"的分布比来估计，这个方法在文献 [143] 和文献 [205] 中提出。对于一致区域，$V(x)/\bar{x}^2 \leqslant \sigma^2$，$b_s = 0$，此时，式（5-13）中的能量函数较大，平滑程度提高。因此，能够得到更加一致的区域。对于异质区域，$V(x)/\bar{x}^2 \gg \sigma^2$，$b_s \to 1/(1+\sigma^2)$，式（5-13）中的 U_2 变小，这表示随着异质程度的提高，平滑项的影响减少，这样，在异质区域中，更多细节能够得到保持。

在本章算法中，为了抑制斑点引起的错类传播，我们提出了修正的能量函数，它能够更好地建模平滑项，定义如下

$$U_2(c_s|c_r, r \in \eta_s) = -(1-b_s)a^t\beta \sum_{r \in \eta_s} w_{rs}\delta(c_s, c_r) \tag{5-16}$$

其中，与文献 [42] 中的能量函数相比，a^t 和 w_{rs} 是增加的因子。w_{rs} 是像素 r 对中心像素 s 的置信度，作用是为了减小噪声类的影响。另外，为了平衡不同类型邻域的贡献，我们对 w_{rs} 进行归一化。$\delta(\cdot)$ 是 Kronecker delta 函数，当 $c_s = c_t$ 时，$\delta(\cdot)$ 值为 1，否则为 0。$\delta(\cdot)$ 用来描述中心像素和邻域的关系。

a^t 是第 t 次迭代的权重，随着指数 t 变化，控制着第 t 次迭代的平滑程度。若 $a > 1$，则平滑程度随着迭代次数增加而提高。反之，若 $a < 1$，则平滑程度随着迭代次数的增加而降低。由于分类初期结果比较粗糙，太大的平滑会引起错类传播，而随着迭代次数增加，类别越来越精细，可以进行较大的平滑。因此，平滑程度应该随着迭代次数的增加而提高，而不是一个常数。这里，我们根据经验选取 $a = 1.01$，来控制平滑度提高的速度。

4. 非结构区域: 自适应上下文信息

对于非结构区域,由于灰度变化较少,上下文依赖关系应该是一个较大的一致区域,而不是 3 像素 ×3 像素邻域结构。这样,我们将上下文信息从一个小的固定邻域扩展为一个局部最大一致区域。基于这个上下文关系,分类性能大大提高。

为了挖掘非结构区域的最大一致区域,我们对非结构区域采用均值漂移算法[181]得到一个分割图。将分割图中的每个区域均定义为局部最大一致区域,因为每个区域中的所有像素应该是同一类。在 MRF 分类中,局部一致区域不仅能够为每个像素提供自适应的上下文邻域,而且能够保持图像边界,因为均值漂移能够很好地保持边界。

我们使用均值漂移得到分割图,使用 MRF 方法得到分类图。根据局部一致区域,使用众数投票策略[52,213]来合并非结构区域的分割图和分类图。众数投票策略的例子如图 5.6 所示,图 5.6 中分割图有 4 个区域,分类图中有 3 类(黄、

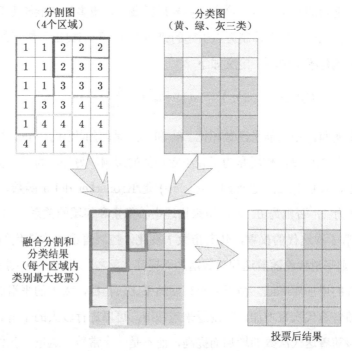

图 5.6 通过众数投票策略进行类合并流程图(见彩插)

绿和灰三类)。对于分割图中的每个区域，将所有像素赋予分类图中在这个区域内像素个数最多的类别。这样，通过融合分割和分类结果，我们能够得到一个区域一致性更好的分类结果。因此，非结构区域内的区域一致性可以通过最大一致区域得到提高。

5.3.3 算法描述

针对极化 SAR 图像分类问题，我们提出了基于素描图的自适应邻域 MRF 方法。CEM 算法 [193,200] 用来对式（5-8）中的能量函数 U 进行优化，它将分类步骤加入经典的 EM 方法 [214,215] 中并进行迭代。在 CEM 算法中，使用最大后验概率算法进行参数估计，并迭代地找到最高概率类标。该过程通常经过几次迭代就能够收敛到局部最优解。但很难得到全局最优解，因为能量函数是非凸且复杂的。本章算法的具体过程描述如下。

初始化： 为了减少斑点噪声并保持细节，首先使用精致 Lee 滤波 [143] 对极化 SAR 图像进行滤波。然后，使用 K 分布对颜色特征进行分类并作为初始分类结果，颜色特征为极化 SAR 图像的 Pauli 基（$|HH-VV|, 2|HV|, |HH+VV|$）表示。为了降低随机性，通过多次运行 K 算法取最优解作为初始类别。类数由用户自己设定。另外，其他的聚类算法 [216] 也能进行初始分类。基于初始分类结果，对每类的 G0 参数进行估计。

E（Expectation）-Step： 对每个像素 s，基于上一代的分类结果，用式（5-8）计算 MRF 的能量函数 U。对于结构区域，使用如图 5.4 所示的自适应加权邻域结构，方向由素描线段的方向确定，并使用式（5-16）中修正的能量函数。对于非结构区域，使用 3 像素 × 3 像素作为固定邻域结构，如图 5.5(b) 所示。

C（Classification）-Step： 计算每类的能量函数后，将每个像素 s 赋予使能量函数 U 最小的类标 i。这样，将所有像素均标记为 k 类，得到分类结果。

M（Maximization）-Step： 使用 MoMLC [46] 估计算法对每类的 G0 参数重新进行估计。

CEM 算法对 E-Step、C-Step and M-Step 进行迭代直到收敛，停止准则为总的像素变化率 [199]，即

$$R^t = (M^t - M^{t-1})/Q \tag{5-17}$$

其中，R^t 表示第 t 次迭代的总变化率，Q 是极化 SAR 图像的总像素个数，M^t 和 M^{t-1} 分别表示第 t 和 $t-1$ 次迭代的分类结果图，它们通过 CEM 算法的 C-Step 得到。因此，$M^t - M^{t-1}$ 表示第 t 次迭代的像素类标变化数。在 CEM 算法中，由于分类步骤，R^t 在每次迭代都会下降，最后以很小值达到收敛条件。在本实验中，我们选收敛点为 0.5%。一般来说，算法经过 7、8 次迭代后就会收敛，因此，将最大迭代次数设为 8。

区域合并：CEM 迭代后，使用均值漂移算法得到最大一致区域，根据众数投票策略对一致区域进行类别合并，这样，非结构区域能够得到更大的一致分类结果。

5.4 实验结果和分析

5.4.1 实验设置

本实验使用一个仿真极化 SAR 数据集和两个真实数据集对本章提出的方法进行有效性验证，这些数据来自不同波段、不同传感器。仿真数据是由一个两类卡通图生成的。其他两组数据分别为：CONVAIR 雷达拍摄的 Ottawa 地区的全极化复数据，大小为 222 像素 × 3429 像素；第二个为 ESAR 拍摄的 8 视 L 波段 Oberpfaffenhofen 地区的极化 SAR 数据。

K-means 算法的聚类中心随机初始化，为了减少结果的随机性，我们运行 10 次 K-means 算法，选择最优结果作为初始聚类结果。

此外，均值漂移算法 [181] 中使用均匀核，带宽参数由用户设置，选择准则为避免欠分割或太多的过分割区域。这是因为一些相似的过分割块可以通过众数投票策略进行合并，但欠分割就会导致分类错误。精致 Lee 滤波的窗口为 5 像素 × 5 像素。另外，式（5-16）中的 β 根据经验设置为 1。所有实验数据在 MATLAB 2012b, Intel core i3 3.20GHz 处理器和 4.00 GB RAM 的硬件上运行通过。

为了评价自适应邻域 MRF 算法的有效性，我们选用 4 个相关的算法进行对比，这些算法的数据项都选为 G0 模型，但选用不同上下文信息进行建模。第一个为 H/α-G0 算法 [46]，该算法不使用上下文信息；第二个为 fix_MRF 方法 [161]，该算法使用固定的 3 像素 × 3 像素的邻域；第三个为 G0_AMRF 算法[42]，该算法自适应的选择四个方向的邻域和固定的 3 像素 × 3 像素的邻域。最后一个为基于 NLM-SAP[192] 的 MRF 算法（NLMSAP_MRF），该算法根据 NLM-SAP 方法自适应地选择给定形状的邻域块。另外，仿真数据可以根据卡通图来计算每类的分类精度。

为了测试 G0 模型的有效性，我们使用三个不同分布模型的算法进行对比。这些算法使用不同数据模型和相同的先验项，在全极化 Ottawa 地区的数据上进行测试，三个对比模型分别为：① Wishart 模型[198]；② K 模型[40]；③ KummerU 模型[217]。

5.4.2 仿真数据的实验结果和分析

首先，构造一幅仿真图像来测试 G0_AMRF_C 算法的有效性。仿真图像由两类构成，即灰类和黑类，在图 5.7(a) 的卡通图中显示。图 5.7(b) 是对应的 Pauli 基下的极化伪彩图。在仿真图中，我们构造了不同方向和不同尺度的线目标，具体为一个 1 像素宽的小圆圈和一个 2 像素宽的大圆圈，另外，还有一个 3 像素宽的正弦曲线和一个正弦边界。

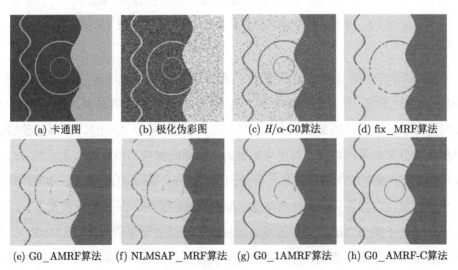

(a) 卡通图　(b) 极化伪彩图　(c) H/α-G0算法　(d) fix_MRF算法

(e) G0_AMRF算法　(f) NLMSAP_MRF算法　(g) G0_1AMRF算法　(h) G0_AMRF-C算法

图 5.7　仿真极化 SAR 图像的分类结果

为了测试本章算法的鲁棒性，将该算法在仿真图像上运行 10 次，分类精度如图 5.8 所示，可以看出，本章提出的算法每次都能获得相同的分类精度。这是因为通过多次运行 K-means 算法，我们得到了鲁棒的结果，从而抑制了 K-means 的随机性，得到一个稳定的初始化。因此，最终分类结果也是稳定的，我们选择其中一次结果进行展示。

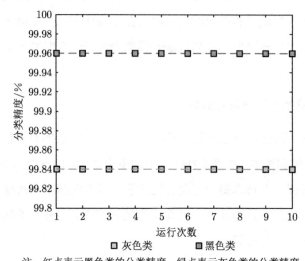

注：红点表示黑色类的分类精度，绿点表示灰色类的分类精度

图 5.8　在仿真极化 SAR 图像上运行 10 次的分类精度（见彩插）

图 5.7(c) ~ 图 5.7(f) 分别展示了 H/α-G0 算法 [46]、Fix_MRF 算法 [161]、G0_AMRF 算法 [42] 和 NLMSAP_MRF 方法 [192] 的分类结果。图 5.7(h) 是 G0_AMRF_C 算法的分类结果图 5.7。可以看出，G0_AMRF_C 算法能够获得更优的分类结果，特别是对单像素宽的小圆圈的保持。图 5.7(c) 所示的 H/α-G0 算法由于没有加入空间信息，会得到很多噪点。图 5.7(d) 是 fix_MRF 算法的分类结果，它会丢失一些细节信息，如小圆圈的丢失。图 5.7(e) 和图 5.7(f) 的分类结果优于图 5.7(d)，但是圆圈的线目标仍难以完全保留。G0_AMRF_C 算法不仅能够保留两个圆圈，还能够很好地保留正弦曲线和边界，这显示了本章算法使用自适应邻域结构的优势。

另外，为了测试加入邻域像素置信度的有效性，我们将 G0_AMRF_C 算法中所有邻域的置信度都设置为 1，并定义为 G0_1AMRF 算法，其结果如图 5.7(g) 所示。该算法用来验证式（5-16）中权重 w 的有效性。可以看出，该算法能够获得与其他 4 种对比算法的分类结果，特别是对正弦曲线和大圆圈的保持上。然而，与提出的算法相比，G0_1AMRF 算法在小圆圈的保持上稍差，由于没有考虑邻域像素置信度，导致小圈上一些像素错分。这表明邻域置信度对保持细线目标有一定作用。

表 5.1 展示了 G0_AMRF_C 算法的有效性，我们通过计算分类精度、结构相似性测度（Structural Similarity Index Measurement, SSIM）[218]、图像品质因子（Figure Of Merit, FOM）[219] 和 Kappa 系数这些评价指标来测评 G0_AMRF_C 算法的性能。对所有的评价指标，值越大性能越好，最优值为 1。图 5.7(b) 中有灰和黑两类。G0_AMRF_C 算法的平均分类精度为 99.90%，分别高出其他 5 个对比算法 2.87%、0.83%、1.28%、1.98% 和 0.21%。另外，G0_AMRF_C 算法在 SSIM、FOM 和 Kappa 系数的指标上也高于其他分类算法，G0_AMRF_C 算法在灰线目标保持上取得更好的结果。fix_MRF 算法在正弦曲线和大圆圈上有较好的结果，因此虽然它丢失了小圆圈，在灰类的分类精度依然较高。

表 5.1　不同算法在仿真图像上的分类精度　　　　　单位：%

系数	H/α-G0	fix_MRF	G0_AMRF	NLMSAP_MRF	G0_1AMRF	G0_AMRF_C
gray	96.51	98.14	97.26	95.93	99.40	**99.84**
black	97.54	**99.99**	99.98	99.91	99.40	99.96
Average accuracy	97.03	99.07	98.62	97.92	99.69	**99.90**
SSIM	51.61	95.72	95.17	86.34	98.61	**99.56**
FOM	98.66	99.29	98.95	98.44	99.77	**99.94**
Kappa	93.98	98.47	97.73	96.55	99.49	**99.81**

图 5.9 展示了 G0_AMRF_C 算法和其他 5 个对比算法在仿真图像上的混淆矩阵。图 5.9(a) ～ 图 5.9(e) 分别是 H/α-G0 算法 [46]、fix_MRF 算法 [161]、G0_AMRF 算法 [42]、NLMSAP_MRF 算法 [192] 和 G0_1AMRF 算法的混淆矩阵。图 5.9(f) 是 G0_AMRF_C 算法的混淆矩阵。图中黑色类和灰色类的像素个数分别为 24640 和 15360，混淆矩阵用百分比形式表示。可以看出，提出的算法能够在灰色类和黑色类上都取得较高的分类精度。G0_AMRF_C 算法在灰色类

和黑色类上的错分都较少。此外，表 5.2 给出了不同算法的运行时间。可以看出，和算法 G0_AMRF 和 NLMSAP_MRF 相比，G0_AMRF_C 算法使用更少的时间，取得了更优的分类结果。因此，与对比算法相比，G0_AMRF_C 算法能够使用更少的时间获得更优的性能。

	黑色类	灰色类
黑色类	97.54	2.46
灰色类	3.49	96.51

(a) H/α-G0算法

	黑色类	灰色类
黑色类	99.99	0.01
灰色类	1.86	98.14

(b) fix_MRF算法

	黑色类	灰色类
黑色类	99.98	0.02
灰色类	2.74	97.26

(c) G0_AMRF算法

	黑色类	灰色类
黑色类	97.54	2.46
灰色类	4.07	95.93

(d) NLMSAP_MRF算法

	黑色类	灰色类
黑色类	99.98	0.02
灰色类	0.60	99.40

(e) G0_1AMRF算法

	黑色类	灰色类
黑色类	99.96	0.04
灰色类	0.16	99.84

(f) G0_AMRF_C算法

图 5.9　不同算法在仿真图像上的混淆矩阵

表 5.2　不同算法在仿真图像上的运行时间

	G0_AMRF_C	H/α-G0	fix_MRF	G0_AMRF	NLMSAP_MRF	G0_1AMRF
时间/s	158.9	153.9	135.2	187.5	179.3	149.0

5.4.3　CONVAIR 卫星 Ottawa 地区极化 SAR 图像实验结果和分析

Ottawa 地区图像经过方位向上 10 视处理后得到的 222 像素 ×342 像素的全极化 SAR 图像。图 5.10(a) 显示了 Ottawa 地区的极化 SAR 伪彩图。建筑群和道路在图像左上角，农田和一些线目标在图像右侧。

1. 不同极化 SAR 数据模型的实验结果

为了验证 G0 模型的有效性，分别使用 Wishart [198]、K [40] 和 KummerU [217] 模型的算法作为对比算法进行测试，先验项都使用 G0_AMRF_C 算法。

图 5.10(b) 为对应的区域划分图。可以看出，结构区域为图像细节，非结构区域为一致地物区域。这个划分可以指导自适应邻域结构的选择。对图 5.10(e) 中的结构区域，使用图 5.4 的几何加权邻域结构进行 MRF 分类，对图 5.10(f) 所示的非结构区域，使用图 5.5(b) 所示的 3 像素 × 3 像素的邻域结构。三个对比模

型和本章算法的实验结果分别展示在图 5.10(c) ~ 图 5.10(f) 中。由于缺乏真实类标，我们很难确定图像类数并评价分类结果。为了得到较精细的分类结果，我们设置类数为 5。从图 5.10(f) 的分类结果可以看出，G0_AMRF_C 算法能够清晰地确定不同的类，如橘色主要表示道路，绿色和黄色分别为城区和建筑物高亮部分，另外，深蓝和浅蓝色显示了两种不同的农田，主要因为它们的散射特性差异较大。从图 5.10(f) 可以明显看出，G0_AMRF_C 算法使用 G0 模型能够得到更好的分类结果，因为它不仅能够保持细节，如道路和椭圆标出的线目标等，还能够在非结构区域得到很好的区域一致性。在圆圈中的线目标有些断裂，这是因为在原极化 SAR 图像中，线目标也是不连续的，因此将其连接起来较难，在后续工作中，我们可以加入一些语义规则进行连接。图 5.10(c) 中的 Wishart 模型会丢失一些线目标等细节信息，因为 Wishart 模型不再适用于异质区域。图 5.10(d) 中的 K 模型会在城区内部产生混淆类，因为它适合森林区域，但不能很好地刻画极其异质区域，如城区等。图 5.10(e) 中的 KummerU 模型能够很好地区分匀质和异质区域，但它的形状参数估计 [46] 是非常耗时的。因此，我们选用 G0 分布来建模极化 SAR 数据。

2. 不同邻域模型的实验结果

为了测试提出的自适应邻域模型的有效性，我们使用不同邻域 MRF 方法进行对比。为了减少观测项对分类结果的影响，所有对比算法都使用 G0 分布来建模观测项。

对比算法 H/α-G0 [46]、fix_MRF [161]、G0_AMRF method [42] 和 NLMSAP_MRF [192] 的分类结果分别展示在图 5.11(a)~ 图 5.11(d) 中。G0_AMRF_C 算法结果在图 5.11(e) 中展示。尽管缺乏真实类标，可以看出，提出的算法不仅能够获得更加一致的区域，还能够保持线目标的细节信息。以圆圈中的线目标为例，与其他算法相比，G0_AMRF_C 算法在线目标保持上获得更好的性能。此外，城区和道路也能够清晰的分出。和图 5.11(b) 相比，G0_AMRF_C 算法能够更清楚地检测边界和线目标。这表明相比于 3 像素 ×3 像素的固定邻域，自适应邻域结构能够更好地保持边界。图 5.11(a) 没有采用 MRF 平滑项，能够保留更多的细节信息，但会在一致区域产生很多噪声类。通过使用非结构区域的类合并算法，提出的算法能够在农田等地区获得更好的一致性，如图 5.11(e) 所示。此外，图 5.11(c) 和图 5.11(d) 中的 G0_AMRF 和 NLMSAP_MRF 算法也能得到较好的一致区域，但一些线目标会丢失。

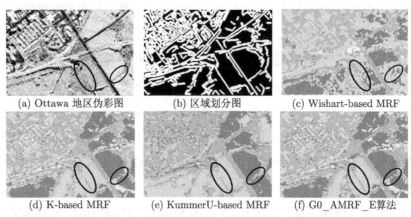

图 5.10　不同分布模型对 CONVAIR 卫星极化 SAR 图像的分类结果图（见彩插）

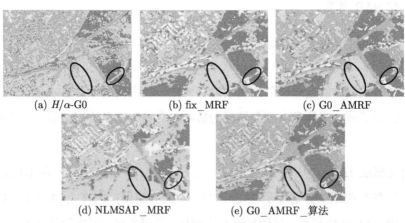

图 5.11　不同邻域模型对 CONVAIR 卫星极化 SAR 图像的分类结果图

我们对不同分布模型和不同正则技术进行了测试，结果如图 5.10 和图 5.11 所示。可以看出，G0 模型和自适应上下文信息能得到更好的分类结果。G0 模型能够提供细节类信息，特别是边界部分。同时，自适应邻域模型能够在结构区域保持图像边界部分的类信息，并在非结构区域使用最大一致区域进行类合并。因此，对于 G0_AMRF_E，观测项和平滑项都很重要，它们共同作用产生了好的分类结果，参数 β 控制着这两项的贡献程度。

5.4.4 E-SAR 卫星 L 波段极化 SAR 图像实验结果和分析

Oberpfaffenhofen 地区的极化 SAR 图像也用来对提出的算法进行测试，该图像大小为 212 像素 ×387 像素。图 5.12(a) 展示了极化 SAR 伪彩图，该图像中主要有 4 类：城区、森林、道路和其他。城区和道路在图 5.12 的左边，森林在右边。

图 5.12(b) ∼ 图 5.12(e) 分别展示了 4 个对比算法分类结果。图 5.12(f) 是 G0_AMRF_C 算法的结果，可以看出，G0_AMRF_C 算法能够在区域一致性和边界保持上都取得很好的分类结果。在 H/α-G0 算法中，其他地区被错分为多类。图 5.12(c) 和图 5.12(e) 分别为 fix_MRF 和 NLMSAP_MRF 算法，它们能够获得一致的分类结果，但难以对道路进行正确分类。图 5.12(d) 能够检测道路，但在城区和其他类仍有错分。

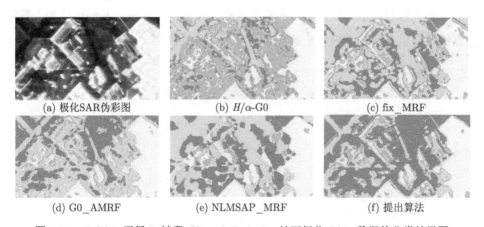

(a) 极化SAR伪彩图　　(b) H/α-G0　　(c) fix_MRF

(d) G0_AMRF　　(e) NLMSAP_MRF　　(f) 提出算法

图 5.12　E-SAR 卫星 L 波段 Oberpfaffenhofen 地区极化 SAR 数据的分类结果图

5.5 本章小结

本章提出了一个自适应邻域 MRF 的极化 SAR 分类方法，进行无监督的地物分类。我们将极化 SAR 数据建模为 G0 分布，因为 G0 在建模匀质和异质区域都有优势。为了更好地挖掘上下文信息，我们使用极化素描图构建了一个区域划分图，它将极化 SAR 图像划分为结构和非结构区域。对结构区域，我们沿着素描线段的方向构建了几何加权邻域结构；对于非结构区域，我们提取了局部最大一致区域进行类合并。实验结果表明，本章提出的算法对复杂地物类型的分类的鲁棒性更强，不仅能够保留边界等细节信息，还能在非结构区域得到一致的分类结果。因此，本章提出的算法适用于中高分辨率的极化 SAR 图像，图像中存在较多需要保留的细节信息，本章算法能够较好地保留细节，并在匀质地物区域得到好的区域一致性。

另外，由于缺乏真实地物类标，因此给出 Google Earth 上得到的光学图像作为参考，然而，光学图像和极化 SAR 图像是很难进行配准的，因为它们是由不同传感器、不同时期得到的图像。它们的成像机理完全不同，获取时间也不同，可能地物已经有所变化。一些基于灰度和特征的配准方法[220,221]能够对其进行近似配准，这些方法通过挖掘相似特征点进行配准，而且若考虑它们的成像机理，则应该能够更好地配准。这是我们后续工作需要解决的问题。另外，在本章算法中，我们主要关注自适应邻域的学习和模型选择，在后续工作中，我们可以加入观测数据的空间信息，如纹理特征等。

第6章 基于深度学习和层次语义模型的极化 SAR 地物分类

6.1 引　　言

极化 SAR 图像是电磁波在水平和垂直极化方式下进行的地物成像,因此含有更多的极化信息。近期,随着雷达技术的发展,极化 SAR 图像的处理已经成为研究的热点。极化 SAR 地物分类是图像处理的关键步骤,是人们进行图像理解和解译的前提。传统的极化 SAR 图像分类方法主要通过目标分解和统计分布来实现。极化数据的目标分解方法有很多,如 Cloude 分解[29],Freeman 分解[54]。统计分布模型主要有 Wishart 分布[198],K 分布[40],G0 分布[43] 及 KummerU 分布[44]。结合目标分解和分布模型提出了经典 H/α-Wishart 分类方法[56],该方法根据 Cloude 分解进行初始分类,并用 Wishart 分类器进行迭代调整,能够对图像进行精确分类。然而,由于没有考虑图像的空间关系,这些方法容易受噪声影响,得到椒盐噪声式的分类结果。

近来,一些加入空间信息的图像处理方法[42,44,83,84,152]用来对极化 SAR 图像进行分类,如基于 Mean Shift(MS)和 Markov Random Field(MRF)[83]的方法,该方法在 Mean Shift 分割的基础上加入 MRF 空间邻域信息,能够得到区域一致性好的结果。另外,基于层次分割的方法[44]通过定义距离测度进行区域合并,得到较一致的区域。同时,Ersahin K 等人[152]提出了两阶段谱聚类方法,该算法利用轮廓特征进行初始划分,再依据 Wishart 测度进行进一步的分类。这些算法能够有效地抑制斑点噪声,提高了分类的区域一致性。然而,极化 SAR 图像地物繁多,场景复杂,尺度不一。由于没有考虑语义信息,这些方法很难将聚集地物分为语义一致的区域。聚集地物是指由同类目标聚集在一起形成的地物,如森林,城区等。这种地物的特点为目标和地面的散射回波形成强烈的亮暗变化,且这种变化重复出现。由于聚集地物内部强烈的亮暗变化和地物散射特性的较大差异，各种底层特征都难以将其合并为语义一致的区域。

针对这种复杂地物，刘芳等人[241]提出了极化 SAR 的层次语义模型，该模型能够将极化 SAR 图像划分为聚集、结构和匀质三种区域。这样，根据地物的特性，不同的分类方法可以自适应地对不同区域进行分类。对于匀质区域，由于结构比较单一，传统的分割和分类方法[42,44,84,152]能够很好地分类。对于结构区域，主要是边界定位和线目标保持。对于聚集区域，一幅极化 SAR 图像，可能存在多种聚集地物类型，如何区分不同聚集地物，并对聚集区域赋予类标，是本章研究的重点。对于聚集区域，同一区域内应该含有相同的地物结构，而不同区域之间的地物结构可能不同。因此，问题的关键是如何表示各种聚集区域的地物结构，并对其进行分类。

深度学习[222,223]能够学习图像的结构，得到高层的特征，对复杂地物能够很好地表示，因此，在自然图像处理中受到广泛的应用。深度模型有很多，包括自编码模型[224]、卷积神经网络[225]、限制玻尔兹曼机[226]、反卷积网络[227]等。然而，对于极化 SAR 图像分类，深度学习方法的应用还很少。另外，由于极化 SAR 图像缺乏训练样本，本章选用深度自编码器作为无监督的特征学习方法。自编码器通过自身的重构进行权值学习，得到更加抽象的特征。然而，深度学习方法由于不断的概括抽象，难以保持边界细节。本章采用层次语义模型，只对聚集区域进行深度特征学习，而对结构和匀质区域进行精细分割，克服了深度学习的缺点。

本章首次将深度学习和层次语义模型结合，应用在极化 SAR 图像的分类上，提出了一种新的无监督的深度学习方法（定义为"DL-HSM"）。该算法不仅克服了深度学习的缺点，同时根据不同区域的特点进行分类，得到区域一致性好且边界精准的分类结果。该方法有三个创新点：首先，深度学习能够学到图像高层结构特征，然而，难以精确定位边界。为了克服该缺点，本章结合深度学习和层次语义模型，将极化 SAR 图像分为聚集、结构和匀质三种结构类型区域。其次，对于聚集区域，由于地物结构复杂，本章采用深度自编码对地物结构进行特征学习，并构建字典得到区域的稀疏特征表示，再用谱聚类方法[152]进行分类。最后，对于匀质区域，本章采用层次分割方法进行合并，得到一致的区域和精准的边界。对于结构区域,进行边界定位和线目标保持。三幅真实的极化 SAR 图像用来进行实验,实验结果表明该方法不仅能够得到一致的区域,还能够保持边界。

6.2 深度自编码模型

人类的视觉具有层次认知功能,能够有效捕捉不同地物的复杂结构。当人眼看一幅图像时,信号传入大脑,负责视觉的 V1 区域通过对图像进行边角检测的稀疏表示后传入 V2 区域,V2 区域通过对稀疏特征进行概念抽象,得到更高层轮廓和结构特征[228]。近年来,深度学习方法能够部分模拟大脑的 V1 区和 V2 区的层次认知功能[229,230],因此得到广泛的应用。深度学习源于人工神经网络,通过多层神经网络进行学习,得到图像的结构特征。

堆叠自动编码器[130]是由多个自动编码器堆叠形成的深度网络,可以进行无监督的特征学习。自编码器通过编码和解码操作能够自适应地学习网络权值,主要用于特征的学习和降维。由于缺乏标记样本,无监督的分类方法更适合于极化 SAR 图像,因此本章选择堆叠自编码进行特征学习。

图 6.1 为单层自动编码器的网络结构,该网络包含输入层–隐层–输出层。自编码网络通过要求输出和输入相等来训练调节网络权值,通过自学习的方法来进行无监督的特征学习。层 2 即为层 1 的一种特征表示,层 3 为重构数据,无监督的

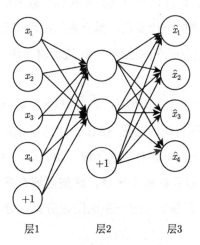

图 6.1　单层自动编码器的网络结构

学习过程是通过最小化重构误差得到网络权重。当多个自编码器堆叠在一起，就形成了堆叠自编码器。堆叠自编码器的学习是每层单独训练的，每层代表图像的一种表示，且每层学习的特征作为下层的输入，高层是低层的更抽象表示，通过维数不断减少得到输入数据的最主要成分，因此，它是一个降维的过程，学习的高层特征可以进一步对图像进行分类和识别。

6.3 极化层次语义模型

极化层次语义模型[241]是图像在语义层面上的稀疏表示。基于 Marr 的视觉计算理论[109]，刘芳等[241]提出了极化层次语义模型，该模型是在初始素描模型[110]的基础上发展得到的，包含两层语义：第一层是一幅素描图，它刻画了一幅极化 SAR 图像的结构信息，将图像变化的部分用素描线勾勒出来，素描图是由有方向和长度特性的素描线段构成的。其获得过程为：首先由极化边线检测算法得到极化 SAR 图像的变化部分，然后使用线段匹配追踪算法得到素描线，同时，去掉噪声引起的伪线段，得到极化素描图。

第二层为区域图，它是在素描图的基础上进一步提取得到的。区域图将一幅极化 SAR 图像划分为聚集区域、匀质区域和结构区域。具体过程为：聚集地物形成的素描线段比较聚集，而边界和线目标的素描线段比较稀疏，因此，根据线段的拓扑结构和语义含义，将线段划分为聚集素描线段和孤立素描线段。其中，聚集素描线段表示聚集地物的结构变化。孤立素描线段表示线目标和地物边界。然后，提取不同素描线段类型所在的地物区域，进而将图像划分为聚集、结构和匀质区域。

聚集区域是具有聚集地物结构的区域，如城区，森林等。这些区域由地物目标聚集在一起而形成，而传统的极化 SAR 分类方法很难将其分为语义上一致的区域。匀质区域一般是匀质地物对应的区域，如农田，水域，裸地等。而结构区域一般对应于边界或者线目标所在区域，这些区域有强烈的明暗变化，会形成素描线段。极化层次语义模型对进一步的图像分割、分类和识别有重要的指导作用。

图 6.2 为层次语义模型示例。第一列为旧金山部分地区和 Ottawa 地区的极

化 SAR 伪彩图，将 Pauli 基 $|HH-VV|$、$|HH+VV|$ 和 $|HV|$ 为 RGB 颜色通道显示而成。第二列为初层语义的素描图。可以看出，素描线所在位置为图像变化的部分，能够有效地刻画图像的结构信息，是图像的稀疏表示。第三列为区域图，区域图将图像划分为三个区域，其中，灰色为聚集区域，白色为匀质区域，黑色为结构区域。区域图是极化 SAR 图像在语义上的划分，是更稀疏的图像表示。

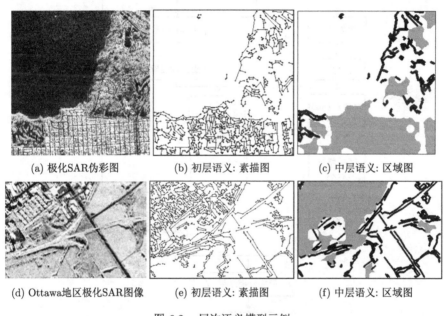

图 6.2　层次语义模型示例

6.4　DL-HSM 算法

基于极化层次语义模型，本章提出一种新的基于深度学习的极化 SAR 分类方法（DL-HSM）DL-HSM 算法流程图。如图 6.3 所示。基于区域图，极化 SAR 图像被分为聚集、匀质和结构三类区域，对不同区域采用不同的分类方式：① 对于聚集区域，采用深度自编码进行特征学习，得到区域的特征表示，并用谱聚类算法得到区域类别；② 对于匀质区域，采用基于 Wishart 最大似然的层次分割方法，并进一步和极化分类结果进行融合分类；③ 对于结构区域，本章首先进行线目标和边界定位，对边界两边的超像素和相邻匀质区域进行合并。

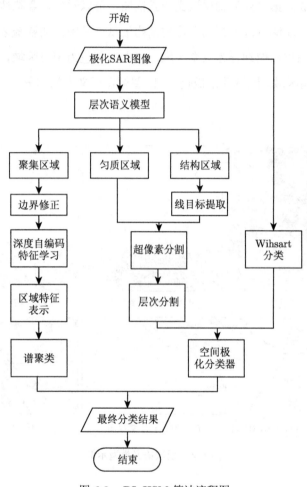

图 6.3　DL-HSM 算法流程图

6.4.1　聚集区域的深度自编码模型

观察区域图可知，图像的边界或线目标主要存在于结构区域中，而对于聚集区域，主要的难点是如何判别不同区域的类别是否一致。相同的地物类型应该具有相似的结构，而不同的地物类型结构差异较大，如城区和森林的结构具有很大差异，而两个不同位置的城区则结构相似。因此，对聚集地物的结构表示能够较好地刻画聚集区域。深度学习是一种有效的特征学习方法，能够很好地学习地物的结构,因此,本章对每个区域进行深度学习,得到的高层特征可以表示该区域的特征。不同地物类型的结构差异大,得到的特征具有可分性。

1. 区域边界修正

聚集区域能够将复杂地物的亮暗变化分为一致区域,然而,由于聚集区域是通过对聚集素描线段进行形态学操作得到的,因此,其边界并不精准,不代表地物真实的边界。相反,图像的过分割方法会将聚集地物分为很多过分割的区域,然而由于精细分割,却能够得到精准的边界。因此,融合聚集区域和过分割结果能够进一步修正聚集区域边界。

初始分割:极化功率图(SPAN)为三个极化通道的功率之和,用来进行初始分割。初始分割将 SPAN 图划分为一些的小区域,这些区域称为超像素。每个区域的类别被认为是一致的。常用的超像素提取方法有很多,如分水岭、均值漂移、水平集等。本章选择均值漂移算法[181],因为该方法能够得到精细的边界,同时减少了超像素个数。

边界修正:为了进一步修正聚集区域的边界,本章将聚集区域和均值漂移分割结果进行融合,使用众数投票策略得到聚集区域的精准边界。首先,将聚集区域投影到过分割图上,对聚集区域内部的超像素直接合并。对于聚集区域边界的超像素,若聚集区域覆盖超像素过半数目,则将该超像素合并在聚集区域中,并扩充边界;若覆盖数目较少,则将超像素从聚集区域中去掉,并缩小边界。通过边界融合,得到较为精确的聚集区域边界。

2. 区域特征学习

采样:每个聚集区域内部属于同一类,因此,对所有像素点进行学习是耗时和无用的,选一些代表点进行学习,既可以刻画聚集地物的结构,又可以减少计算量。另外,聚集区域的结构具有稀疏性,以城区为例,建筑物和地面会形成亮暗变化的散射特性,并且这种变化重复出现,构成城区。因此,本章通过隔点采样方式对每个聚集区域进行采样,得到样本并进行学习。这些样本的类别表示区域的类别。因为聚集区域大小不一,像素个数不同,本章采用最小区域像素个数作为采样数。太小的区域难以包含聚集结构,这里,首先去掉小区域,保留较大区域进行采样。通过采样方式使得原本上百万的输入样本减少至上千甚至上万,大大降低了计算复杂度。

特征提取:堆叠自编码模型可以学习图像结构,输入特征应为每个像素点所在的图像块。对每个像素点选取一个 $N \times N$ 的图像块,将图像块作为输入来进行深度学习,最后把学到的该图像块的特征作为中心像素特征。窗口大小应该能够包含聚集区域的变化结构,如城区或森林。对于中低分辨的极化 SAR 图像,聚集区域的结构基元较小,因此,采用 13 像素 ×13 像素的窗口。对于极化 SAR 数据,每个像素点用矩阵 T 的 9 维特征向量来表示,即

$$V = \{T_{11}, T_{22}, T_{33}, \text{real}(T_{12}), \text{imag}(T_{12}), \text{real}(T_{13}), \text{imag}(T_{13}), \text{real}(T_{23}), \text{imag}(T_{23})\} \tag{6-1}$$

其中,real(.) 和 imag(.) 分别为求实部和虚部操作子。图像块的特征为图像块内所有像素点特征的列向量,即为 $N \times N \times 9$ 维的输入特征。这样,极化散射特征能够得到充分利用。

区域稀疏表示:训练好网络后,最后一层的高层特征表示该像素的特征。对于一个聚集区域,每个像素的特征不尽相同,然而,每个聚集区域作为同一类,应该使用一个统一的特征进行表示,因此,本章采用词袋模型[231]的思想,即构造视觉字典,每个聚集区域向视觉字典进行投影,能够得到字典上的稀疏表示。具体过程为:对所有像素点进行 K-means 聚类,得到 M 个聚类中心,这些聚类中心即为视觉字。为了得到完备的视觉字典,聚类中心数量要远远大于区域数。每个区域的像素特征向字典上投影,得到的直方图统计特征作为区域的稀疏特征表示。根据学到的字典,同类区域向字典投影相似性越大,而不同类型区域的投影差异越大。

3. 区域谱聚类算法

谱聚类算法是一种图划分方法,包括节点和边上的权重,权值为节点之间的相似性,该算法的目的是将一幅图划分为多个子图,且每个子图内节点相似性较高,子图之间尽可能不相似。将每个聚集区域均看成一个节点,区域间的相似性作为节点间的权值。谱聚类的关键为定义相似性矩阵。由于区域为稀疏表示,特

征维数较高，采用巴式（Bhattacharyya）系数[232]度量区域 P 和区域 Q 之间的相似性，定义为

$$\rho(P,Q) = \sum_{u=1}^{N} \sqrt{\boldsymbol{f}_P^u \cdot \boldsymbol{f}_Q^u} \tag{6-2}$$

其中，$\boldsymbol{f}_P$ 和 $\boldsymbol{f}_Q$ 分别为区域 P 和 Q 的归一化的特征。u 为 $\boldsymbol{f}_P$ 的第 u 个元素。巴氏系数的几何含义为向量 $\boldsymbol{f}_P$ 和 $\boldsymbol{f}_Q$ 夹角的余弦值。根据相似性矩阵，得到 Laplacian 矩阵，并对其进行特征值分解，将得到的特征向量进行 K-means 聚类。图 6.4(a) 为 Ottawa 地区的极化 SAR 伪彩图。图 6.4(b) 为区域图，黑色为结构区域，白色为匀质区域，灰色部分表示聚集区域，左上角为城区，右下角有一些小片的树丛。通过对聚集区域边界修正和深层自编码聚类，得到图 6.4(c) 的分类结果。可以看出，这些聚集区域被分为两类，蓝色为城区，绿色为树丛。位置不相邻的小片树丛也能够分为一类。

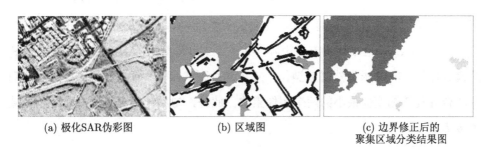

(a) 极化SAR伪彩图　　　(b) 区域图　　　(c) 边界修正后的聚集区域分类结果图

图 6.4　聚集区域分类示意图

6.4.2　结构区域边界定位

结构区域的线段有两种含义，即边界和线目标，对于线目标，我们希望能够保留而不被合并。对于边界，需要精确定位。线目标的特点为垂直于线段方向的灰度值且具有两次突变，根据这个特点，将满足条件的线段划分为线目标。同时，对于大于 3 像素宽的线目标，将检测出平行的两条线段，因此，距离相近且平行的线段也认为是线目标。对于代表边界的结构区域，我们通过极化边线检测方法[241]得到精细的边界，将边界两侧的区域进行超像素分割，将这些超像素与相邻的匀质区域进行合并。

6.4.3 匀质区域的层次分割和分类

1. 层次分割

深度学习通过学习复杂图像的空间结构，得到区域一致性良好的分类效果。然而，图像边界却很难保持。对于匀质区域，区域内部结构比较单一，底层的特征能够将其较好地表示，分割的重点是不同区域之间的边界，因此，我们对匀质区域采用层次分割方法 [40] 进行分割。首先，采用均值漂移方法对匀质区域进行过分割得到超像素，然后，用层次分割对超像素进行迭代合并。因为极化 SAR 协方差矩阵 C 满足 Wishart 分布，本章采用最大似然的合并测略，对于超像素 S_i 和 S_j，该测度定义如下 [40]

$$SC_{i,j} = \text{MLL}(S_i) + \text{MLL}(S_j) - \text{MLL}(S_i \cup S_j) \\
= L(m_i + m_j)\ln|\boldsymbol{C}_{S_i \cup S_j}| - Lm_i \ln|\boldsymbol{C}_{S_i}| - Lm_j \ln|\boldsymbol{C}_{S_j}| \tag{6-3}$$

其中，L 是视数，m_i 是超像素 S_i 内的像素个数，$\boldsymbol{C}_{S_i}$ 是 S_i 的平均协方差矩阵，$\boldsymbol{C}_{S_i \cup S_j}$ 为 $S_i \cup S_j$ 的平均协方差矩阵，其中，$\cup$ 为并操作。$\text{MLL}(S_i)$ 为超像素 S_i 的最大似然，ln 为求自然对数操作，$|\cdot|$ 为求行列式操作。每次迭代时，层次分割算法合并使该测度值最小的两个超像素块。此外，匀质区域合并阈值为达到区域个数 U。

2. 空间极化分类器

在相干斑一致性假设下，极化数据满足 Wishart 分布，Wishart 分类器 [199] 通过考虑极化统计特性进行分类，并得到广泛的应用。我们对极化数据进行 K-means 初始分类，并使用 Wishart 进行迭代优化，得到精细的分类结果。由于没有考虑空间信息，该算法容易受噪声影响，分类结果的区域一致性较差。匀质区域通过层次分割得到区域一致性好的分割结果，然而，不相邻区域的类别赋予是个难题。空间极化分类器 [52] 能够融合分割和分类结果，得到区域一致性好且边界精准的分类结果。层次分割得到一致的区域，而 Wihsart 分类得到精细的类别，因此，空间极化分类器根据众数投票策略，对匀质区域中的每个超像素都赋予对应的分类图中的数目最多的类别。这样得到的分类结果区域一致性好，且不相邻区域的类别也能准确标记。空间极化分类过程如图 6.5 所示,给定分割图和基于像素的分类图,分割图有 4 个超像素区域,基于像素点的分类结果有三类,将分割图映射到分类图上,对每个分割区域中的类别使用众数投票策略,最大数目的类别赋给这个超像素区域,得到区域一致的分类结果。

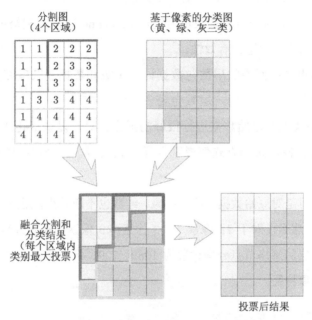

图 6.5 空间极化分类过程（见彩插）

6.5 实验结果和分析

6.5.1 实验数据和设置

实验数据:我们对几幅真实的极化 SAR 数据进行实验,来验证 DL-HSM 算法的有效性。这些数据来自不同波段不同卫星。第一幅是 NASA/JPL AIRSA 卫星拍摄的 L 波段旧金山地区的 4 视全极化 SAR 数据,大小为 900 像素 ×700 像素;第二幅为 CONVAIR 卫星拍摄的 Ottawa 地区的单视全极化 SAR 数据,大小为 222 像素 ×3429 像素;第三幅为 RadarSAT-2 卫星拍摄的 C 波段国内某地区极化 SAR 图像,大小为 512 像素 ×512 像素,分辨率为 8m。

对比算法：为了验证本章算法的优势，3 个相关的算法用来进行对比：
① Wishart 分类算法 [199]，该算法在初始聚类后，根据 Wishart 测度进行迭代优化，得到最终分类结果；② Wishart MRF 方法 [161]，该算法在 Wishart 分类中加入 MRF 邻域先验项，引入空间信息，获得空间一致的分类结果；③ 堆叠自编码器（Stacked Auto-Encoder，SAE）分类方法 [130]。通过堆叠自编码器无监督的进行特征学习，对特征进行稀疏表示后进行 K-means 聚类。该算法用来验证结合深度学习和层次语义模型的有效性。

网络结构设计：网络的层数与数据样本个数和数据复杂度有关，深度学习对于非常复杂的数据处理时，层数会较多，达到 10 层以上。对于普通数据量，4~8 层的网络就能对原始数据进行很好的拟合。对于复杂极化 SAR 图像，根据图像的稀疏特性，采样方式使得输入样本大大减少，因此，将网络层数设置为 5。

每层的学习是对原始数据的不断抽象，维数也不断减少，图像块选取为 13 像素 ×13 像素，那么，对于 13 像素 × 13 像素 ×9 像素的输入维数，如图 6.6 所示，我们将 5 层的网络节点分别设置为 1089、729、441、225 和 81，分别代表不同窗口下的抽象特征。

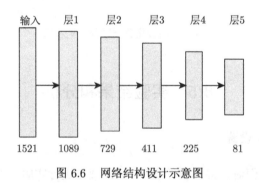

图 6.6　网络结构设计示意图

另外，字典个数设定为 $M = 10 \times \gamma$，γ 为聚集区域个数。为了避免欠分割，匀质区域合并阈值 $U = \frac{S}{2}$。其中，S 为均值漂移得到的超像素个数。所有实验在硬件配置为 Intel core i3 3.20 GHz 处理器和 4 G 内存的计算机上运行。

6.5.2 合成图像实验结果和分析

图 6.7(a) 为合成的极化 SAR 伪彩图,该图像由城区、海洋和森林三类地物构成。图 6.7(b) 为对应的标准类标图,其中,蓝色代表城区,黄色代表海洋,青色代表森林。该图像是由旧金山地区极化 SAR 图像的三类地物合成得到。

图 6.7(c)~ 图 6.7(f) 分别为 Wishart、Wishart MRF、SAE 和 DL-HSM 算法的分类结果图。从图 6.7 中可以看出,DL-HSM 能够得到更好的区域一致性和边界保持结果。Wishart 分类能够得到精细的结果,然而城区和森林两类被混淆。Wishart MRF 方法中森林出现大部分错分。在图 6.7(e) 中,由于 SAE 算法学到的是高层的空间结构特征,对边界部分难以精确定位,因此,圆形边界出现错分,森林边界也难以保持。DL-HSM 算法在城区和森林都能够得到较为一致的分类结果,圆形边界也能够较好地保持,由于 Wishart 分类很难精确地分类森林边界,DL-HSM 算法对森林边界也难以完全保持,但与其他算法相比,本章算法能够得到更好的分类结果。

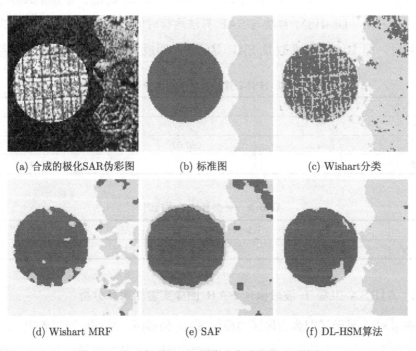

(a) 合成的极化SAR伪彩图　　(b) 标准图　　(c) Wishart分类

(d) Wishart MRF　　(e) SAF　　(f) DL-HSM算法

图 6.7　合成极化 SAR 图像分类结果图(见彩插)

表 6.1 展示了 DL-HSM 算法和三个对比算法在合成图像的分类结果统计。其中计算了三类地物的分类精度，平均精度和 Kappa 系数。从表 6.1 中可以看出，本章算法在分类精度达到 96.05%，与其他三类算法相比，分类精度分别提高了 12.42%、12.64% 和 0.87%。另外，Kappa 系数也高达 94.30%，比其他算法分别高出 15.82%、17.55% 和 9.66%。

表 6.1 不同算法的分类精度　　　　　　　　　　　　　单位：%

	Wishart	Wishart MRF	FSAE	DL-HSM
城区	61.33	92.47	96.11	92.94
海洋	96.05	99.23	93.64	97.09
森林	93.52	58.52	95.79	98.13
平均精度	83.63	83.41	95.18	96.05
Kappa 系数	78.48	76.75	84.64	94.30

DL-HSM 算法对合成图像分类的混淆矩阵如表 6.2 所示，从表 6.2 中可以看出，主要的错分来自城区和森林的混淆。另外，表 6.3 给出了各类算法的运行时间。可以看出，DL-HSM 算法与 SAE 算法运行时间较长，因为深度网络的学习比较耗时，但 DL-HSM 算法比 SAE 算法的时间短且能够得到更优的分类结果。

表 6.2 DL-HSM 算法对合成图像分类的混淆矩阵　　　单位：%

	城区	海洋	森林
城区	92.94	2.70	4.36
海洋	0.40	97.09	2.51
森林	0.32	1.55	98.13

表 6.3 各类算法的运行时间

	Wishart	Wishart MRF	SAE	提出的算法
时间/s	9.79	68.41	109.55	98.82

6.5.3 AIRSA 卫星 L 波段极化 SAR 图像实验结果和分析

图 6.8(a) 显示了旧金山地区的极化 SAR 伪彩图。从图中可以看出，这幅图像较为复杂，含有多种地物类型，左上角为山脉，蓝色为海洋，海洋上的桥梁为金门大桥，桥下面为山地，其中有个高尔夫球场。右下部分为城区，城区中间有

一片草地，一些道路和人工目标也出现在城区中。对这些复杂的场景进行精确的分类是一项具有挑战性的工作。因为缺乏标记图，为了便于理解，图 6.8(b) 给出了对应的 Google Earth 光学图像。

(a) 旧金山地区极化SAR伪彩图　(b) Google Earth光学图像　(c) Wishart分类

(d) Wishart MRF　　　　(e) SAE　　　　(f) DL-HSM算法

图 6.8　RadarSAT-2 卫星 C 波段旧金山地区分类结果图

三个对比算法和本章提出的方法的实验结果显示在图 6.8(c) ~ 图 6.8(f)。其中，图 6.8(c)、(d)、(e) 分别为 Wihart、Wihsart MRF 和 SAE 算法分类结果，图 6.8(f) 为本章算法的结果。从图中可以看出，与 6.8(c)、(d) 相比，本章算法能够得到更加一致的区域，能够将城区划分为语义上一致的区域，同时，不相邻的几块城区也能够正确标记。Wishart 分类结果虽然能够得到精细的分类，但由于噪声的影响，分类结果的区域一致性较差，城区被分为多类的混合。然而，为了进一步的理解图像，城区应该被分为语义上一致的区域。图 6.8(d) 加入了 MRF

后，空间一致性得到改善，但城区、山地等仍然有很多过分割的小块。图 6.8(e) 通过深度学习自动学习高层特征，能够得到区域一致性较好的结果，但由于高层特征不能精确定位边界，使得边界模糊泛化。与图 6.8(e) 相比，本章得到更加准确的边界。因此，本章算法通过结合深度学习和层次语义模型，使优势共存，避免了单种算法的缺点，得到区域一致性好且边界保持的分类结果。

6.5.4 CONVAIR 卫星极化 SAR 图像实验结果和分析

Ottawa 地区的单视极化 SAR 数据经过方位向的 10 视处理，得到 222 像素 × 342 像素的 10 视极化 SAR 数据，处理后的 Ottawa 地区伪彩图如图 6.9(a) 所示，该图像左上角为城区，城区下方有一条铁路，右侧为裸地，其中有一些道路和小树丛。图 6.9(b)~图 6.9(e) 分别为 Wishart、Wishart MRF、SAE 和 DL-HSM 算法的分类结果图。从图 6.9(b) 和图 6.9(c) 中可以看出，城区被分为很多混杂的类或部分丢失。从图 6.9(d) 中可以看出，深度学习区域一致性好，但丢失了一些线目标，同时泛化了道路和边界。图 6.9(e) 能够将城区划分为一致的类别，同时，将聚集区域中的城区和树丛分为不同的类。另外，道路和线目标也能够得到较好的保持。

(a) Dttqwa地区极化SAR伪彩图　　(b) Wishart分类　　(c) Wishart MRF

(d) SAE　　(e) DL-HSM算法

图 6.9　CONVAIR 卫星 Ottawa 地区分类结果图

6.5.5 RadarSAT-2 卫星 C 波段极化 SAR 图像实验结果和分析

国内某地区的极化 SAR 伪彩图如图 6.10(a) 所示，该图以渭河为中心，左上角为城区，右下角有小片城区、村庄和大片裸地。右上角有横跨于渭河之上的桥梁。平行于桥梁的为一条铁路，右侧有一条细的河流穿过。图 6.10(b) 为对应的 Google Earth 光学图像，光学图像和极化 SAR 图像不是同一时期获得，因此会有少量差异，但大体相同。由于多种地物类型的存在，对该图像的分类具有一定的难度。

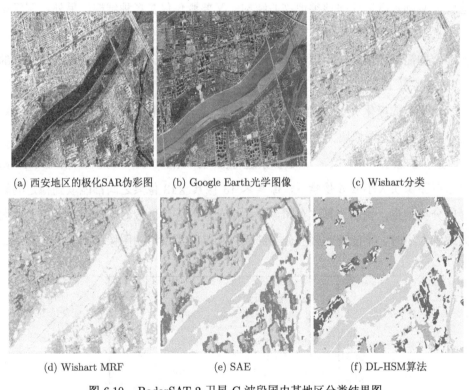

(a) 西安地区的极化SAR伪彩图　　(b) Google Earth光学图像　　(c) Wishart分类

(d) Wishart MRF　　(e) SAE　　(f) DL-HSM算法

图 6.10　RadarSAT-2 卫星 C 波段国内某地区分类结果图

图 6.10(c)～图 6.10(f) 分别为三个对比算法和 DL-HSM 算法的分类结果图。图 6.10(c) 为 Wishart 分类结果图，图 6.10(d) 为 Wishart MRF 分类结果图，图 6.10(c) 和图 6.10(d) 能够得到较为精细的分类结果，然而，裸地部分有所丢失，且城区部分被分为多类，而人眼视觉能够将这些类别整合为城区，因此，高层特征

和语义信息的加入有助于对图像地物的理解和识别。图 6.10(e) 通过自动学习高层特征，对特征进行聚类得到的分类结果，该结果区域一致性好，城区部分较为一致，然而，河流右侧的边界丢失，且右下角的细河流也基本消失。图 6.10(f) 为 DL-HSM 算法结果，从图中可以看出，该算法对城区部分能够得到语义一致的分类结果，同时对河流边界也能够较好的保持。

6.5.6 参数分析

在堆叠自编码器算法中，图像块的大小是特征学习的重要参数。图像块大小选取的原则是既能反映该类地物的结构，又要避免包含多种结构。另外，图像块大小选取还与图像分辨率和结构复杂程度有关，较小的图像块能包含低分辨率图像和结构简单的地物，反之，较大的图像块能包含高分辨率的图像和结构复杂的地物。

由于合成极化 SAR 图像（见图 6.7(a)）包含标准图，我们选择它来对图像块大小进行分析。图像块大小对分类精度的影响如图 6.11 所示。图像块大小分别从 3 像素 ×3 像素 ~ 31 像素 ×31 像素进行实验。从图 6.11 中可以看出，DL-HSM 算法在图像块大小取 5 像素 ×5 像素 ~ 13 像素 ×13 像素之间都能取到稳定的较好的分类结果，说明该算法对图像块大小选取的鲁棒性较好。然而，当图像块太大或者太小时，不能得到好的分类结果，那是因为太小的图像块难以包含图像结

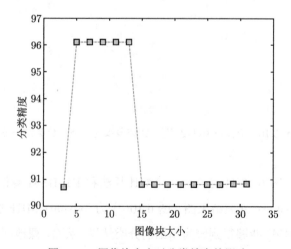

图 6.11　图像块大小对分类精度的影响

构,而太大会包含多类结构,使类间的特征差异性减少。

另外,网络层数的设置也是用户根据经验选取的。不同层数网络对分类精度的影响如图 6.12 所示,3~6 层的网络结构分别用来进行比较。从图 6.12 中可以看出,图 6.7(a) 是较为简单的图像,DL-HSM 算法在不同网络层都能得到稳定的分类结果,对网络层数的鲁棒性较好。

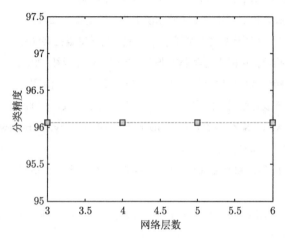

图 6.12　不同层数网络对分类精度的影响

6.6　本章小结

本章提出了一种新的、无监督的极化 SAR 图像分类算法,该算法结合了深度学习和层次语义模型的优势,根据层次语义模型,将图像首先划分为聚集、结构和匀质区域。对聚集区域,通过深度自编码模型学习地物结构特征,将不同聚集地物区分开来。对于匀质和结构区域,分别采用不同的策略进行分割和分类。实验结果证明,与传统的基于 Wishart MRF 方法和深度自编码方法相比,该算法能够得到区域一致性好且边界保持的分类结果。DL-HSM 算法更加适用于多种聚集地物并存的图像,深度学习能够有效地区分不同的聚集地物类型,得到更优的分类结果。由于本章算法对聚集区域内部的线目标容易丢失,依赖于层次语义模型的参数,在后续工作中,我们将加入相应的语义规则,对重要目标进行保留。此外,如何自适应地选择深度学习的参数也是我们下一步的工作。

参 考 文 献

[1] 王彤. 雷达成像技术 [M]. [S.l.]: 电子工业出版社, 2005.

[2] 刘永坦. 雷达成像技术 [M]. [S.l.]: 哈尔滨工业大学出版社, 2014.

[3] 焦李成. 智能 SAR 图像处理与解译 [M]. [S.l.]: 科学出版社, 2008.

[4] 迈特尔. 合成孔径雷达图像处理 [M]. [S.l.]: 电子工业出版社, 2013.

[5] 庄钊文. 雷达极化信息处理及其应用 [M]. [S.l.]: 国防工业出版社, 1999.

[6] 王超. 全极化合成孔径雷达图像处理 [M]. [S.l.]: 科学出版社, 2008.

[7] ZEBKER H A, VAN ZYL J J. Imaging radar polarimetry: A review[J]. Proceedings of the IEEE, 1991, 79(11): 1583–1606.

[8] 陈博. 基于集成学习和特征选择的极化 SAR 地物分类 [D]. [S.l.]: 西安电子科技大学, 2015.

[9] LEE J-S, POTTIER E. Polarimetric radar imaging: from basics to applications[M]. [S.l.]: CRC press, 2009.

[10] 张爽. 基于散射机理和目标分解的极化 SAR 图像地物分类 [D]. [S.l.]: 西安电子科技大学, 2014.

[11] VAN ZYL J, CARANDE R, LOU Y, et al. The NASA/JPL three-frequency polarimetric AIRSAR system[J], 1992.

[12] CHRISTENSEN E L, SKOU N, DALL J, et al. EMISAR: An absolutely calibrated polarimetric L-and C-band SAR[J]. IEEE Transactions on Geoscience and Remote Sensing, 1998, 36(6): 1852–1865.

[13] CHRISTENSEN E, DALL J. EMISAR: a dual-frequency, polarimetric airborne SAR[C] //IEEE International Geoscience and Remote Sensing Symposium, : Vol 3. 2002: 1711–1713.

[14] OTTL H. DLR Airborne SAR[C] //Aircraft Sar Workshop, Jpl, Pasadena, 10 January. 1990.

[15] URATSUKA S, SATAKE M, KOBAYASHI T, et al. High-resolution dual-bands interferometric and polarimetric airborne SAR (Pi-SAR) and its applications[C] //IEEE International Geoscience and Remote Sensing Symposium, IGARSS '02: Vol 3. 2002: 1720–1722.

[16] DUBOIS-FERNANDEZ P, du Plessis RUAULT O, COZ D L, et al. The ONERA RAMSES SAR system[C] // IEEE International Geoscience and Remote Sensing Symposium, IGARSS 02.. 2002: 1723–1725.

[17] HAWKINS R K, BROWN C E, MURNAGHAN K P, et al. The SAR-580 facility - system update[C] // IEEE International Geoscience and Remote Sensing Symposium, IGARSS 02.. 2002: 1705–1707.

[18] ROSENQVIST A, SHIMADA M, ITO N, et al. ALOS PALSAR: A Pathfinder Mission for Global-Scale Monitoring of the Environment[J]. IEEE Transactions on Geoscience & Remote Sensing, 2007, 45(11): 3307–3316.

[19] BUCKREUSS S, WERNINGHAUS R, PITZ W. The German satellite mission TerraSAR-X[J]. IEEE Aerospace & Electronic Systems Magazine, 2009, 24(11): 1–5.

[20] BOERNER W-M, BRAND H, CRAM L A, et al. Inverse Methods in Electromagnetic Imaging[J]. Mathematics of Computation, 1986, 46(174).

[21] on DIRECT N A R W, in RADAR POLARIMETRY I M, BOERNER W M. Direct and Inverse Methods in Radar Polarimetry[M]. [S.l.]: Springer Netherlands, 1992.

[22] BOERNER W M. Polarimetry in Remote Sensing: Basic and Applied Concepts[J]. Manual of Remote Sensing, 1998, 2: 271–358.

[23] BOERNER W M. Recent advances in radar polarimetry - Assessment of the historical development[J], 1987, 1: 359–363.

[24] KOSTINSKI A B, BOERNER W M. On foundations of radar polarimetry[J]. IEEE Transactions on Antennas & Propagation, 1987, 34(12): 1395–1404.

[25] STOKES G G. On the Composition and Resolution of Streams of Polarized Light from different Sources[J]. Transactions of the Cambridge Philosophical Society, 1852, 9: 399.

[26] GUISSARD A. Mueller and Kennaugh matrices in radar polarimetry[J]. IEEE Transactions on Geoscience & Remote Sensing, 1994, 32(3): 590–597.

[27] ULABY F T, ELACHI C. Radar Polarimetry for Geoscience Applications[J]. Norwood Ma Artech House Inc.p, 1990, 5(3): 38–38.

[28] CLOUDE S R, POTTIER E. A review of target decomposition theorems in radar polarimetry[J]. IEEE Transactions on Geoscience & Remote Sensing, 1996, 34(2): 498–518.

[29] CLOUDE S R, POTTIER E. An entropy based classification scheme for land applications of polarimetric SAR[J]. IEEE Transactions on Geoscience Remote Sensing, 1997, 35(1): 68–78.

[30] ZIEGLER V, LUNEBURG E, SCHROTH A. Mean Backscattering Properties Of Random Radar Targets: A Polarimetric Covariance Matrix Concept[C] // Vortrag, Gehalten Auf: Second Internat. Workshop on Radar Polarimetry Ireste, Nantes, France, 8.-10.9.92. Proc. Journees Internationales De La Polarimetrie Radar, Isbn. 1992: 266–268.

[31] LUENEBURG E. Radar Polarimetry: A Revision of Basic Concepts.[C] // Workshop direct and Indirect Methods in Scattering Theory', Gebze, Tuerkei. 1996.

[32] LUNEBURG E. Polarimetric target matrix decompositions and the 'Karhunen-Loeve expansion'[C] // IEEE InternationalGeoscience and Remote Sensing Symposium, IGARSS 99 Proceedings.

[33] GOODMAN B N R. Statistical analysis based on a certain complex Gaussian distribution (an introduction[J]. Annals of Mathematical Statistics, 2010, 34(1): 152–177.

[34] SARABANDI B K. Derivations of phase statistics from the Müller matrix[C] // Radio Science. 2010.

[35] ULABY F T, HADDOCK T F, AUSTIN R T. Fluctuation statistics of millimeter-wave scattering from distributed targets[J]. IEEE Transactions on Geoscience & Remote Sensing, 1988, 26(3): 268–281.

[36] TAN T L, PEARCE A, CARTER T, et al. Probability, random variables, and stochastic processes /[M]. [S.l.]: McGraw-Hill, : 378–380.

[37] DOULGERIS A P, ELTOFT T. Automated Non-Gaussian clustering of polarimetric SAR[C] // 8th European Conference on Synthetic Aperture Radar (EUSAR), 2010: 1–4.

[38] T. U F, F. K, B. B, et al. Textural information in SAR images[J]. 2011, 9(6): 91–99.

[39] LOPES A, SÉRY F. Optimal speckle reduction for the product model in multilook polarimetric SAR imagery and the Wishart distribution[J]. IEEE Transactions on Geoscience and Remote Sensing, 1997, 35(3): 632–647.

[40] BEAULIEU J-M, TOUZI R. Segmentation of textured polarimetric SAR scenes by likelihood approximation[J]. IEEE Transactions on Geoscience and Remote Sensing, 2004, 42(10): 2063–2072.

[41] JAKEMAN E, TOUGH R J A. Generalized K distribution: a statistical model for weak scattering[J]. Journal of the Optical Society of America A, 1987, 4(9): 1764–1772.

[42] NIU X, BAN Y. An adaptive contextual SEM algorithm for urban land cover mapping using multitemporal high-resolution polarimetric SAR data[J]. IEEE Journal of Selected Topics in Applied Earth Observations and Remote Sensing, 2012, 5(4): 1129–1139.

[43] SHAN Z, WANG C, ZHANG H, et al. Change detection in urban areas with high resolution SAR images using second kind statistics based G0 distribution[C] // IEEE International Geoscience and Remote Sensing Symposium (IGARSS). 2010: 4600-4603.

[44] BOMBRUN L, VASILE G, GAY M, et al. Hierarchical segmentation of polarimetric SAR images using heterogeneous clutter models[J]. IEEE Transactions on Geoscience and Remote Sensing, 2011, 49(2): 726-737.

[45] MILLER F P, VANDOME A F, MCBREWSTER J, et al. Mellin Transform[J]. Applied Mathematical Sciences, 2010: 195-213.

[46] ANFINSEN S N, ELTOFT T. Application of the matrix-variate Mellin transform to analysis of polarimetric radar images[J]. IEEE Transactions on Geoscience and Remote Sensing, 2011, 49(6): 2281-2295.

[47] SHI L, ZHANG L, YANG J, et al. Supervised Graph Embedding for Polarimetric SAR Image Classification[J]. IEEE Geoscience & Remote Sensing Letters, 2013, 10(2): 216-220.

[48] FUKUDA S, HIROSAWA H. Support vector machine classification of land cover: application to polarimetric SAR data[C] // IEEE International Geoscience and Remote Sensing Symposium, IGARSS 01. 2001: 187-189.

[49] LEE J S, GRUNES M R. Classification of multi-look polarimetric SAR data based on complex Wishart distribution[C] // National Telesystems Conference, NTC-92. 1992: 7/21 - 7/24.

[50] ZHANG L, WANG X, MOON W M. PolSAR images classification through GA-based selective ensemble learning[C] // Geoscience and Remote Sensing Symposium. 2015.

[51] XING X, JI K, ZOU H, et al. Feature selection and weighted SVM classifier-based ship detection in PolSAR imagery[J]. International Journal of Remote Sensing, 2013, 34(22): 7925-7944.

[52] FENG J, CAO Z, PI Y. Polarimetric Contextual Classification of PolSAR Images Using Sparse Representation and Superpixels[J]. Remote Sensing, 2014, 6(8): 7158-7181.

[53] VAN ZYL J, BURNETTE C. Bayesian classification of polarimetric SAR images using adaptive a priori probabilities[J]. International Journal of Remote Sensing, 1992, 13(5): 835-840.

[54] ZHAO L-W, ZHOU X-G, JIANG Y-M, et al. Iterative Classification Of Polarimetric Sar Image Based On The Freeman Decomposition And Scattering Entropy[C] // 1st Asian and Pacific Conference on Synthetic Aperture Radar (APSAR). 2007: 473-476.

[55] WANG S, LIU K, PEI J-J, et al. Unsupervised Classification of Fully Polarimetric SAR Images Based on Scattering Power Entropy and Copolarized Ratio[J]. IEEE Geoscience Remote Sensing Letters, 2013, 10(3): 622−626.

[56] LEE J S, GRUNES M R, AINSWORTH T L, et al. Unsupervised classification using polarimetric decomposition and complex Wishart classifier[C] // IEEE International Conference on Geoscience and Remote Sensing Symposium (IGARSS).

[57] VAN ZYL J J. Unsupervised classification of scattering behavior using radar polarimetry data[J]. IEEE Transactions on Geoscience Remote Sensing, 1989, 27(1): 36−45.

[58] ZHANG S, WANG S, CHEN B, et al. Classification Method for Fully PolSAR Data Based on Three Novel Parameters[J]. IEEE Geoscience & Remote Sensing Letters, 2014, 11(1): 39−43.

[59] LONNQVIST A, RAUSTE Y, MOLINIER M, et al. Polarimetric SAR Data in Land Cover Mapping in Boreal Zone[J]. IEEE Transactions on Geoscience & Remote Sensing, 2010, 48(10): 3652−3662.

[60] YANG W, ZOU T Y, SUN H, et al. Improved Unsupervised Classification Based on Freeman-Durden Polarimetric Decomposition[C] // European Conference on Synthetic Aperture Radar. 2008: 1 − 4.

[61] FERRO-FAMIL L, POTTIER E, LEE J S. Unsupervised classification of multifrequency and fully polarimetric SAR images based on the H/A/Alpha-Wishart classifier[C] // IEEE International Geoscience and Remote Sensing Symposium, IGARSS. 2000: 2332−2342.

[62] YAMAGUCHI Y, YAJIMA Y, YAMADA H. A Four-Component Decomposition of POLSAR Images Based on the Coherency Matrix[J]. IEEE Geoscience & Remote Sensing Letters, 2006, 3(3): 292−296.

[63] KIMURA K, YAMAGUCHI Y, YAMADA H. Pi-SAR image analysis using polarimetric scattering parameters and total power[C] // IEEE International Geoscience and Remote Sensing Symposium, IGARSS '03.. 2003: 425−427.

[64] SAADI R, HASANLOU M, SAFARI A. Classifying Multi-Channel Polsar Images Base on Polarization Signature[C/OL] // IGARSS 2018 - 2018 IEEE International Geoscience and Remote Sensing Symposium. 2018: 2428−2431. http://dx.doi.org/10.1109/IGARSS.2018.8518468.

[65] RATHA D, BHATTACHARYA A, FRERY A C. Unsupervised Classification of PolSAR Data Using a Scattering Similarity Measure Derived From a Geodesic Dis-

tance[J/OL]. IEEE Geoscience and Remote Sensing Letters, 2018, 15(1): 151-155. http://dx.doi.org/10.1109/LGRS.2017.2778749.

[66] SONG W, LI M, ZHANG P, et al. Fuzziness Modeling of Polarized Scattering Mechanisms and PolSAR Image Classification Using Fuzzy Triplet Discriminative Random Fields[J/OL]. IEEE Transactions on Geoscience and Remote Sensing, 2019, 57(7): 4980-4993. http://dx.doi.org/10.1109/TGRS.2019.2895087.

[67] RATHA D, POTTIER E, BHATTACHARYA A, et al. A PolSAR Scattering Power Factorization Framework and Novel Roll-Invariant Parameter-Based Unsupervised Classification Scheme Using a Geodesic Distance[J/OL]. IEEE Transactions on Geoscience and Remote Sensing, 2020, 58(5): 3509-3525. http://dx.doi.org/10.1109/TGRS.2019.2957514.

[68] KONG J, SWARTZ A, YUEH H, et al. Identification of terrain cover using the optimum polarimetric classifier[J]. Journal of Electromagnetic Waves and Applications, 1988, 2(2): 171-194.

[69] DE GRANDI G F, LEE J S, SCHULER D L. Texture and speckle statistics in polarimetric SAR synthesized images[C] // IEEE International Geoscience and Remote Sensing, IGARSS 97. 1997: 1414 - 1417.

[70] YUEH H, SWARTZ A, KONG J A, et al. Bayes classification of terrain cover using normalized polarimetric data[J]. Journal of Geophysical Research: Solid Earth, 1988, 93(B12): 15261-15267.

[71] LIM H, SWARTZ A, YUEH H, et al. Classification of earth terrain using polarimetric synthetic aperture radar images[J]. Journal of Geophysical Research: Solid Earth, 1989, 94(B6): 7049-7057.

[72] FAN W, ZHOU F, TAO M, et al. An Automatic Ship Detection Method for PolSAR Data Based on K-Wishart Distribution[J/OL]. IEEE Journal of Selected Topics in Applied Earth Observations and Remote Sensing, 2017, 10(6): 2725-2737. http://dx.doi.org/10.1109/JSTARS.2017.2703862.

[73] DONG H, XU X, SUI H, et al. Copula-Based Joint Statistical Model for Polarimetric Features and Its Application in PolSAR Image Classification[J/OL]. IEEE Transactions on Geoscience and Remote Sensing, 2017, 55(10): 5777-5789. http://dx.doi.org/10.1109/TGRS.2017.2714169.

[74] SONG W, LI M, ZHANG P, et al. Mixture WG Γ -MRF Model for PolSAR Image Classification[J/OL]. IEEE Transactions on Geoscience and Remote Sensing, 2018, 56(2):

905-920. http://dx.doi.org/10.1109/TGRS.2017.2756621.

[75] LIU C, LIAO W, LI H-C, et al. Unsupervised Classification of Multilook Polarimetric SAR Data Using Spatially Variant Wishart Mixture Model with Double Constraints[J/OL]. IEEE Transactions on Geoscience and Remote Sensing, 2018, 56(10): 5600-5613. http://dx.doi.org/10.1109/TGRS.2018.2819995.

[76] WU Q, HOU B, WEN Z, et al. Variational Learning of Mixture Wishart Model for PolSAR Image Classification[J/OL]. IEEE Transactions on Geoscience and Remote Sensing, 2019, 57(1): 141-154. http://dx.doi.org/10.1109/TGRS.2018.2852633.

[77] LEE J-S, GRUNES M R, POTTIER E, et al. Unsupervised terrain classification preserving polarimetric scattering characteristics[J]. IEEE Transactions on Geoscience and Remote Sensing, 2004, 42(4): 722-731.

[78] YU P, QIN A K, CLAUSI D A. Unsupervised Polarimetric SAR Image Segmentation and Classification Using Region Growing With Edge Penalty[J]. IEEE Transactions on Geoscience & Remote Sensing, 2012, 50(4): 1302-1317.

[79] PARK S E, MOON W M. Unsupervised Classification of Scattering Mechanisms in Polarimetric SAR Data Using Fuzzy Logic in Entropy and Alpha Plane[J]. IEEE Transactions on Geoscience & Remote Sensing, 2007, 45(8): 2652-2664.

[80] CAO F, HONG W, WU Y R, et al. An Unsupervised Segmentation With an Adaptive Number of Clusters Using the SPAN/H/α/A Space and the Complex Wishart Clustering for Fully Polarimetric SAR Data Analysis[J]. IEEE Transactions on Geoscience & Remote Sensing, 2007, 45(11): 3454-3467.

[81] DU L J, LEE J S, HOPPEL K, et al. Segmentation of SAR images using the wavelet transform[J]. International Journal of Imaging Systems & Technology, 1992, 4(4): 319-326.

[82] DABBOOR M, COLLINS M J, KARATHANASSI V, et al. An Unsupervised Classification Approach for Polarimetric SAR Data Based on the Chernoff Distance for Complex Wishart Distribution[J]. IEEE Transactions on Geoscience & Remote Sensing, 2013, 51(7): 4200-4213.

[83] ZHANG B, MA G, ZHANG Z, et al. Region-based classification by combining MS segmentation and MRF for POLSAR images[J]. Journal of Systems Engineering and Electronics, 2013, 24(3): 400-409.

[84] ERSAHIN K, CUMMING I G, YEDLIN M J. Classification of Polarimetric SAR Data Using Spectral Graph Partitioning[C] // IEEE International Conference on Geoscience and Remote Sensing Symposium (IGARSS). 2006: 1756 – 1759.

[85] HE C, LI S, LIAO Z-X, et al. Texture Classification of PolSAR Data Based on Sparse Coding of Wavelet Polarization Textons[J]. IEEE Transactions on Geoscience Remote Sensing, 2013, 51(8): 4576–4590.

[86] DU L, LEE J. Fuzzy classification of earth terrain covers using complex polarimetric SAR data[J]. International Journal of Remote Sensing, 1996, 17(4): 809–826.

[87] TZENG Y C, CHEN K S. A fuzzy neural network to SAR image classification[J]. IEEE Transactions on Geoscience & Remote Sensing, 1998, 36(1): 301–307.

[88] AYED I B, MITICHE A, BELHADJ Z. Polarimetric image segmentation via maximum-likelihood approximation and efficient multiphase level-sets[J]. IEEE Transactions on Pattern Analysis & Machine Intelligence, 2006, 28(9): 1493–1500.

[89] WANG Y, LIU H, WEN W, et al. PolSAR ship detection based on low-rank dictionary learning and sparse representation[C] // Radar Conference. 2014: 1–6.

[90] LV Q, DOU Y, NIU X, et al. Classification of land cover based on deep belief networks using polarimetric RADARSAT-2 data[C] // Geoscience and Remote Sensing Symposium. 2014: 4679–4682.

[91] ZHANG L, SUN L, ZOU B, et al. Fully Polarimetric SAR Image Classification via Sparse Representation and Polarimetric Features[J]. IEEE Journal of Selected Topics in Applied Earth Observations & Remote Sensing, 2015, 8(8): 3923–3932.

[92] HE C, LIU M, LIAO Z X, et al. A learning-based target decomposition method using Kernel KSVD for polarimetric SAR image classification[J]. Journal on Advances in Signal Processing, 2012, 2012(1): 1–9.

[93] HOU B, CHEN C, LIU X, et al. Multilevel Distribution Coding Model-Based Dictionary Learning for PolSAR Image Classification[J]. IEEE Journal of Selected Topics in Applied Earth Observations and Remote Sensing, 2015, 8(11): 5262–5280.

[94] 周飞燕, 金林鹏, 董军. 卷积神经网络研究综述 [J]. 计算机学报, 2017(6).

[95] PALLOTTA L, DE MAIO A, ORLANDO D. A Robust Framework for Covariance Classification in Heterogeneous Polarimetric SAR Images and Its Application to L-Band Data[J/OL]. IEEE Transactions on Geoscience and Remote Sensing, 2019, 57(1): 104–119. http://dx.doi.org/10.1109/TGRS.2018.2852559.

[96] LIU F, JIAO L, TANG X. Task-Oriented GAN for PolSAR Image Classification and Clustering[J/OL]. IEEE Transactions on Neural Networks and Learning Systems, 2019, 30(9): 2707-2719. http://dx.doi.org/10.1109/TNNLS.2018.2885799.

[97] 石俊飞, 刘芳, 林耀海. 基于深度学习和层次语义模型的极化 SAR 分类[J]. 自动化学报, 2017(2).

[98] JIAO L, LIU F. Wishart Deep Stacking Network for Fast POLSAR Image Classification[J/OL]. IEEE Transactions on Image Processing, 2016, 25(7): 3273-3286. http://dx.doi.org/10.1109/TIP.2016.2567069.

[99] LIU F, SHI J, JIAO L, et al. Hierarchical semantic model and scattering mechanism based PolSAR image classification[J]. Pattern Recognition, 2016.

[100] WANG L, XU X, DONG H, et al. Exploring Convolutional Lstm for Polsar Image Classification[C/OL]//IGARSS 2018 - 2018 IEEE International Geoscience and Remote Sensing Symposium. 2018: 8452-8455. http://dx.doi.org/10.1109/IGARSS.2018.8518517.

[101] DE S, BRUZZONE L, BHATTACHARYA A, et al. A Novel Technique Based on Deep Learning and a Synthetic Target Database for Classification of Urban Areas in PolSAR Data[J/OL]. IEEE Journal of Selected Topics in Applied Earth Observations and Remote Sensing, 2018, 11(1): 154-170. http://dx.doi.org/10.1109/JSTARS.2017.2752282.

[102] BI H, SUN J, XU Z. A Graph-Based Semisupervised Deep Learning Model for PolSAR Image Classification[J/OL]. IEEE Transactions on Geoscience and Remote Sensing, 2019, 57(4): 2116-2132. http://dx.doi.org/10.1109/TGRS.2018.2871504.

[103] LIU X, JIAO L, TANG X, et al. Polarimetric Convolutional Network for PolSAR Image Classification[J]. IEEE Transactions on Geoscience and Remote Sensing, 2018: 1-15.

[104] GADHIYA T, ROY A K. Superpixel-Driven Optimized Wishart Network for Fast PolSAR Image Classification Using Global k-Means Algorithm[J/OL]. IEEE Transactions on Geoscience and Remote Sensing, 2020, 58(1): 97-109. http://dx.doi.org/10.1109/TGRS.2019.2933483.

[105] REN Z, HOU B, WU Q, et al. A Distribution and Structure Match Generative Adversarial Network for SAR Image Classification[J/OL]. IEEE Transactions on Geoscience and Remote Sensing, 2020, 58(6): 3864-3880. http://dx.doi.org/10.1109/TGRS.2019.2959120.

[106] WEN X, GMA B, FENG Z, et al. PolSAR image classification via a novel semi-supervised recurrent complex-valued convolution neural network[J]. Neurocomputing, 2020, 388: 255-268.

[107] LOWE D G, LOWE D G. Distinctive Image Features[J], 2004.

[108] BLEI D M. Probabilistic topic models[J]. Communications of the Acm, 2011, 55(4): 55-65.

[109] MARR D. Vision[J]. W. H. Freeman and Company, 1982.

[110] GUO C-E, ZHU S-C, WU Y N. Primal sketch: Integrating structure and texture[J]. Computer Vision and Image Understanding, 2007, 106(1): 5-19.

[111] PAKES A, MCGUIRE P. Stochastic Approximation for Dynamic Models: Markov Perfect Equilibrium and the"Curse"of Dimension[J]. Econometrica, 2001, 69(5): 1261-81.

[112] DEVIJVER P A, KITTLER J. Pattern Recognition: A Statistical Approach[J]. Prentice/hall International, 1982.

[113] LEE T S, MUMFORD D. Hierarchical Bayesian inference in the visual cortex.[J]. Journal of the Optical Society of America A Optics Image Science & Vision, 2003, 20(7): 1434-1448.

[114] TAI S L, MUMFORD D, ROMERO R, et al. The role of the primary visual cortex in higher level vision[J]. Vision Research, 1998, 38(15-16): 2429-54.

[115] LéCUN Y, BOTTOU L, BENGIO Y, et al. Gradient-based learning applied to document recognition[J]. Proceedings of the IEEE, 1998, 86(11): 2278-2324.

[116] HUANG F J, LECUN Y. Large-scale Learning with SVM and Convolutional for Generic Object Categorization[C] // IEEE Computer Society Conference on Computer Vision and Pattern Recognition. 2006: 284 - 291.

[117] HINTON G E, OSINDERO S, TEH Y W. A fast learning algorithm for deep belief nets.[J]. Neural Computation, 2006, 18(7): 1527-54.

[118] SALAKHUTDINOV R, HINTON G E. Deep Boltzmann Machines[J]. Journal of Machine Learning Research, 2009, 5(2): 1967 - 2006.

[119] LAROCHELLE H, BENGIO Y, LOURADOUR J, et al. Exploring Strategies for Training Deep Neural Networks.[J]. Journal of Machine Learning Research, 2009, 10(10): 1-40.

[120] COURVILLE A C, BERGSTRA J, BENGIO Y. Unsupervised Models of Images by Spikeand-Slab RBMs.[C] // International Conference on Machine Learning, ICML 2011, Bellevue, Washington. 2011: 1145-1152.

[121] LEE H, GROSSE R, RANGANATH R, et al. Convolutional deep belief networks for scalable unsupervised learning of hierarchical representations[C] // International Conference on Machine Learning. 2009: 609-616.

[122] LIN Y, ZHANG T, ZHU S, et al. Deep Coding Network[C] // Advances in Neural Information Processing Systems 23: Conference on Neural Information Processing Systems 2010. Proceedings of A Meeting Held 6-9 December 2010, Vancouver, British Columbia, Canada. 2010.

[123] SOCHER R, LIN C Y, NG A Y, et al. Parsing Natural Scenes and Natural Language with Recursive Neural Networks[C] // International Conference on Machine Learning, ICML, Bellevue, Washington. 2011: 129–136.

[124] PALMQVIST S, SODERFELDT B, ARNBJERG D. Modeling human motion using binary latent variables[C] // Proceedings of the Twentieth Conference on Neural Information Processing Systems, Vancouver, British Columbia, Canada, December. 2006: 2007.

[125] VINCENT P, LAROCHELLE H, BENGIO Y, et al. Extracting and composing robust features with denoising autoencoders[C] // International Conference, Helsinki, Finland, June. 2008: 1096–1103.

[126] HUBEL D, WIESEL T. Receptive felds, binocular interaction and functional architecture in the cat's visual cortex[C] // J. Physiol. 1962.

[127] FUKUSHIMA K. Neocognitron: A self-organizing neural network model for a mechanism of pattern recognition unaffected by shift in position[J]. Biological Cybernetics, 1980, 36(36): 193–202.

[128] LECUN Y, BOSER B, DENKER J S, et al. Backpropagation applied to handwritten zip code recognition[J]. Neural Computation, 1989, 1(4): 541–551.

[129] HINTON G E. Reducing the dimensionality of data with neural networks[J]. Science, 2006, 313(5786): 504–507.

[130] VINCENT P, LAROCHELLE H, LAJOIE I, et al. Stacked denoising autoencoders: Learning useful representations in a deep network with a local denoising criterion[J]. The Journal of Machine Learning Research, 2010, 11: 3371–3408.

[131] ZHOU G, CUI Y, CHEN Y, et al. A new edge detection method of polarimetric SAR images using the curvelet transform and the Duda operator[C] // Radar Conference, 2009 IET International. 2009: 1–4.

[132] ZHOU G, CUI Y, CHEN Y, et al. Linear feature detection in polarimetric SAR images[J]. IEEE Transactions on Geoscience and Remote Sensing, 2011, 49(4): 1453–1463.

[133] DENG S, LI P, ZHANG J, et al. Edge detection for polarimetric SAR images combining adaptive optimal polarimetric contrast enhancement and ROA operator[C] // IET International Radar Conference. 2013: 1-6.

[134] DENG S, ZHANG J, LI P, et al. Edge detection from polarimetric SAR images using polarimetric whitening filter[C] // IEEE International Geoscience and Remote Sensing Symposium (IGARSS). 2011: 448-451.

[135] SHAOPING D, JIXIAN Z, PINGXIANG L, et al. Improved polarimetric whitening filter for edge detection[J]. Journal of Image and Graphics, 2012, 17(5): 665-670.

[136] CAVES R G, MCCONNELL I, COOK R, et al. Multi-channel SAR segmentation: Algorithms and Applications[C] // IET Colloquium on Image Processing for Remote Sensing. 1996: 2-1.

[137] SCHOU J, SKRIVER H, NIELSEN A A, et al. CFAR edge detector for polarimetric SAR images[J]. IEEE Transactions on Geoscience Remote Sensing, 2003, 41(1): 20-32.

[138] WU J, LIU F, JIAO L, et al. Local Maximal Homogeneous Region Search for SAR Speckle Reduction With Sketch-Based Geometrical Kernel Function[J]. IEEE Transactions on Geoscience and Remote Sensing, 2014, 52(9): 5751-5764.

[139] BLOCH I. Information combination operators for data fusion: a comparative review with classification[J]. IEEE Transactions on Systems, Man and Cybernetics, Part A: Systems and Humans, 1996, 26(1): 52-67.

[140] WU H, XING Y. Pixel-based image fusion using wavelet transform for SPOT and ETM+ image[C] // IEEE International Conference on Progress in Informatics and Computing (PIC): Vol 2. 2010: 936-940.

[141] NIKOLOV S, BULL D, CANAGARAJAH C, et al. Image fusion using a 3-D wavelet transform[C] // Seventh International Conference on Image Processing And Its Applications: Vol 1. 1999: 235-239.

[142] PIELLA G. A general framework for multiresolution image fusion: from pixels to regions[J]. Information fusion, 2003, 4(4): 259-280.

[143] LEE J-S, GRUNES M R, DE GRANDI G. Polarimetric SAR speckle filtering and its implication for classification[J]. IEEE Transactions on Geoscience and Remote Sensing, 1999, 37(5): 2363-2373.

[144] LÓPEZ-MARTÍNEZ C, FABREGAS X. Polarimetric SAR speckle noise model[J]. IEEE Transactions on Geoscience and Remote Sensing, 2003, 41(10): 2232-2242.

[145] GONG M, ZHOU Z, MA J. Change detection in synthetic aperture radar images based on image fusion and fuzzy clustering[J]. IEEE Transactions on Image Processing, 2012, 21(4): 2141–2151.

[146] OTSU N. A threshold selection method from gray-level histograms[J]. Automatica, 1975, 11(285-296): 23–27.

[147] RIGNOT E, CHELLAPPA R, DUBOIS P. Unsupervised segmentation of polarimetric SAR data using the covariance matrix[J]. IEEE Transactions on Geoscience and Remote Sensing, 1992, 30(4): 697–705.

[148] CHEN K-S, HUANG W, AMAR F. Classification of multifrequency polarimetric SAR imagery using a dynamic learning neural network[J]. IEEE Transactions on Geoscience and Remote Sensing, 1996, 34(3): 814–820.

[149] GOODMAN N. Statistical analysis based on a certain multivariate complex Gaussian distribution (an introduction)[J]. The Annals of mathematical statistics, 1963, 34(1): 152–177.

[150] PUTIGNANO C, SCHIAVON G, SOLIMINI D, et al. Unsupervised classification of a central Italy landscape by polarimetric L-band SAR data[C] // IEEE International Geoscience and Remote Sensing Symposium, IGARSS'05.: Vol 2. 2005: 1291–1294.

[151] LUMSDON P, CLOUDE S R, WRIGHT G. Polarimetric classification of land cover for Glen Affric radar project[C] // IEE Proceedings Radar, Sonar and Navigation,: Vol 152. 2005: 404–412.

[152] ERSAHIN K, CUMMING I G, WARD R K. Segmentation and classification of polarimetric SAR data using spectral graph partitioning[J]. IEEE Transactions on Geoscience and Remote Sensing, 2010, 48(1): 164–174.

[153] CANNY J. A computational approach to edge detection[J]. IEEE Transactions on Pattern Analysis and Machine Intelligence, 1986(6): 679–698.

[154] BREGMAN A S, MCADAMS S. Auditory Scene Analysis: The Perceptual Organization of Sound[J]. Journal of the Acoustical Society of America, 1994, 95(2): 1177–1178.

[155] IONE A. Laws of Seeing (review)[J]. Leonardo, 2008, 41.

[156] WU Y, JI K, YU W, et al. Region-based classification of polarimetric SAR images using Wishart MRF[J]. IEEE Geoscience and Remote Sensing Letters, 2008, 5(4): 668–672.

[157] LIU X-H, YANG W, LIN L, et al. Data-Driven Scene Understanding with Adaptively Retrieved Exemplars[J]. MultiMedia, IEEE, 2015, 22(3): 82–92.

[158] HARALICK R M, SHANMUGAM K, DINSTEIN I. Textural features for image classification[J]. IEEE Transactions on Systems, Man and Cybernetics, 1973(6): 610–621.

[159] JOBANPUTRA R, CLAUSI D A. Preserving boundaries for image texture segmentation using grey level co-occurring probabilities[J]. Pattern Recognition, 2006, 39(2): 234–245.

[160] BATOOL N, CHELLAPPA R. Fast detection of facial wrinkles based on Gabor features using image morphology and geometric constraints[J]. Pattern Recognition, 2015, 48: 642–658.

[161] RIGNOT E, CHELLAPPA R. Segmentation of polarimetric synthetic aperture radar data[J]. IEEE Transactions on Image Processing, 1992, 1(3): 281–300.

[162] NODA H, SHIRAZI M N, KAWAGUCHI E. MRF-based texture segmentation using wavelet decomposed images[J]. Pattern Recognition, 2002, 35(4): 771–782.

[163] YANG W, DAI D-X, TRIGGS B, et al. Sar-based terrain classification using weakly supervised hierarchical markov aspect models[J]. IEEE Transactions on Image Processing, 2012, 21(9): 4232–4243.

[164] ZHOU H-L, ZHENG J-M, WEI L. Texture aware image segmentation using graph cuts and active contours[J]. Pattern Recognition, 2013, 46(6): 1719–1733.

[165] MIN H, JIA W, WANG X-F, et al. An Intensity-Texture model based level set method for image segmentation[J]. Pattern Recognition, 2015, 48: 1547–1562.

[166] XIA G-S, LIU G, YANG W, et al. Meaningful Object Segmentation From SAR Images via a Multiscale Nonlocal Active Contour Model[J]. IEEE Transactions on Geoscience and Remote Sensing, 2015, PP(99): 1–14.

[167] HU P-F, LIU W-J, JIANG W, et al. Latent topic model for audio retrieval[J]. Pattern Recognition, 2014, 47(3): 1138–1143.

[168] GONZÁLEZ-DÍAZ I, DÍAZ-DE-MARÍA F. A region-centered topic model for object discovery and category-based image segmentation[J]. Pattern Recognition, 2013, 46(9): 2437–2449.

[169] LIN L, ZHANG R-M, DUAN X-H. Adaptive scene category discovery with generative learning and compositional sampling[J]. IEEE Transactions on Circuits and Systems for Video Technology, 2015, 25(2): 251–260.

[170] FORMONT P, PASCAL F, VASILE G, et al. Statistical Classification for Heterogeneous Polarimetric SAR Images[J]. IEEE Journal of Selected Topics in Signal Processing, 2011, 5(3): 567–576.

[171] MARQUES R C P, MEDEIROS F N, NOBRE J S. SAR Image Segmentation Based on Level Set Approach and {cal G} _A^ 0 Model[J]. IEEE Transactions on Pattern Analysis and Machine Intelligence, 2012, 34(10): 2046-2057.

[172] WANG K-Z, LIN L, LU J-B, et al. PISA: pixelwise image saliency by aggregating complementary appearance contrast measures with edge-preserving coherence[J]. IEEE Transactions on Image Processing, 2015, 24(10): 3019-3033.

[173] YONG S P, DENG J D, PURVIS M K. Novelty detection in wildlife scenes through semantic context modelling[J]. Pattern Recognition, 2012, 45(9): 3439-3450.

[174] LI J, LI X-L, TAO D-C. KPCA for semantic object extraction in images[J]. Pattern Recognition, 2008, 41(10): 3244-3250.

[175] JIAO L-C, LIU J, ZHONG W-C. An organizational coevolutionary algorithm for classification[J]. IEEE Transactions on Evolutionary Computation, 2006, 10(1): 67-80.

[176] LIU F, LIN L-P, JIAO L-C, et al. Nonconvex Compressed Sensing by Nature-Inspired Optimization Algorithms[J]. IEEE Transactions on Cybernetics, 2015, 45(5): 1042-1053.

[177] YANG S-Y, WANG M, CHEN Y-G, et al. Single-image super-resolution reconstruction via learned geometric dictionaries and clustered sparse coding[J]. IEEE Transactions on Image Processing, 2012, 21(9): 4016-4028.

[178] XIA G-S, DELON J, GOUSSEAU Y. Accurate junction detection and characterization in natural images[J]. International journal of computer vision, 2014, 106(1): 31-56.

[179] HOU B, CHEN C, LIU X-J, et al. Multilevel Distribution Coding Model-Based Dictionary Learning for PolSAR Image Classification[J]. IEEE Journal of Selected Topics in Applied Earth Observations and Remote Sensing, 2015, 8(11): 5262-5280.

[180] CHENG Y. Mean shift, mode seeking, and clustering[J]. IEEE Transactions on Pattern Analysis and Machine Intelligence, 1995, 17(8): 790-799.

[181] COMANICIU D, MEER P. Mean shift: A robust approach toward feature space analysis[C] // IEEE Transactions on Pattern Analysis and Machine Intelligence. 2002: 603-619.

[182] CHRISTOUDIAS C M, GEORGESCU B, MEER P. Synergism in low level vision[C] // Proceedings. 16th International Conference on Pattern Recognition: Vol 4. 2002: 150-155.

[183] BEAULIEU J-M, GOLDBERG M. Hierarchy in picture segmentation: A stepwise optimization approach[J]. IEEE Transactions on Pattern Analysis and Machine Intelligence, 1989, 11(2): 150-163.

[184] ALONSO-GONZÁLEZ A, VALERO S, CHANUSSOT J, et al. Processing multidimensional sar and hyperspectral images with binary partition tree[J]. Proceedings of the IEEE, 2013, 101(3): 723-747.

[185] DOULGERIS A P, AKBARI V, ELTOFT T. Automatic PolSAR segmentation with the U-distribution and Markov random fields[C] // 9th European Conference on Synthetic Aperture Radar, 2012. EUSAR.. 2012: 183-186.

[186] ZHONG P, LIU F, WANG R-S. A new MRF framework with dual adaptive contexts for image segmentation[C] // International Conference on Computational Intelligence and Security. 2007: 351-355.

[187] SMITS P C, DELLEPIANE S G. Synthetic aperture radar image segmentation by a detail preserving Markov random field approach[J]. IEEE Transactions on Geoscience and Remote Sensing, 1997, 35(4): 844-857.

[188] TARABALKA Y, FAUVEL M, CHANUSSOT J, et al. SVM-and MRF-based method for accurate classification of hyperspectral images[J]. IEEE Geoscience and Remote Sensing Letters, 2010, 7(4): 736-740.

[189] SMITS P, DELLEPIANE S. Discontinuity adaptive MRF model for remote sensing image analysis[C] // IEEE International on Geoscience and Remote Sensing, IGARSS'97, Remote Sensing-A Scientific Vision for Sustainable Development.. 1997: 907-909.

[190] ZHANG B, LI S, JIA X, et al. Adaptive Markov random field approach for classification of hyperspectral imagery[J]. IEEE Geoscience and Remote Sensing Letters, 2011, 8(5): 973-977.

[191] SMITS P, DELLEPIANE S, SERPICO S. Markov random field based image segmentation with adaptive neighborhoods to the detection of fine structures in SAR data[C] // Geoscience and Remote Sensing Symposium, IGARSS'96.Remote Sensing for a Sustainable Future, International: Vol 1. 1996: 714-716.

[192] DELEDALLE C-A, DUVAL V, SALMON J. Non-local methods with shape-adaptive patches (NLM-SAP)[J]. Journal of Mathematical Imaging and Vision, 2012, 43(2): 103-120.

[193] KORAY K, JOSIANE Z. Unsupervised amplitude and texture classification of SAR images with multinomial latent model.[J]. IEEE Transactions on Image Processing, 2013, 22(2): 561 – 572.

[194] AUJOL J-F, GILBOA G, CHAN T, et al. Structure-texture image decomposition modeling, algorithms, and parameter selection[J]. International Journal of Computer Vision, 2006, 67(1): 111–136.

[195] OSHER S, SOLÉ A, VESE L. Image decomposition, image restoration, and texture modeling using total variation minimization and the H-1 norm[C] // International Conference on Image Processing, ICIP 2003: Vol 1. 2003: I–689.

[196] MURONG J, HUILING K, QIAN W, et al. Adaptive Parameter Computing on Structure-Texture Image Decomposition[C] // International Conference on Computer Science and Software Engineering: Vol 1. 2008: 371–373.

[197] MARR D, VISION A. A computational investigation into the human representation and processing of visual information[J]. WH San Francisco: Freeman and Company, 1982.

[198] LEE J-S, GRUNES M R, KWOK R. Classification of multi-look polarimetric SAR imagery based on complex Wishart distribution[J]. International Journal of Remote Sensing, 1994, 15(11): 2299–2311.

[199] LEE J-S, GRUNES M R, AINSWORTH T L, et al. Unsupervised classification using polarimetric decomposition and the complex Wishart classifier[J]. IEEE Transactions on Geoscience and Remote Sensing, 1999, 37(5): 2249–2258.

[200] CELEUX G, GOVAERT G. A classification EM algorithm for clustering and two stochastic versions[J]. Computational statistics & Data analysis, 1992, 14(3): 315–332.

[201] HARANT O, BOMBRUN L, GAY M, et al. Segmentation and Classification of Polarimetric SAR Data based on the KummerU Distribution[C] // POLINSAR 2009. 2009: 157.

[202] BOMBRUN L, VASILE G, GAY M, et al. KummerU clutter model for PolSAR data: Application to segmentation and classification[C] // 2nd SONDRA Workshop. 2010: 4.

[203] FREITAS C C, FRERY A C, CORREIA A H. The polarimetric G distribution for SAR data analysis[J]. Environmetrics, 2005, 16(1): 13–31.

[204] FRERY A C, CORREIA A H, DA FREITAS C C. Classifying multifrequency fully polarimetric imagery with multiple sources of statistical evidence and contextual information[J]. IEEE Transactions on Geoscience and Remote Sensing, 2007, 45(10): 3098–3109.

[205] HAMMERSLEY J M, CLIFFORD P. Markov fields on finite graphs and lattices[J], 1968.

[206] ZHANG T, HU F, YANG R. Polarimetric SAR image segmentation by an adaptive neighborhood Markov random field[J]. Journal of Test and Measurement Technology, 2009, 23(5): 462–465.

[207] BUDDHIRAJU K M, RIZVI I A. Comparison of CBF, ANN and SVM classifiers for object based classification of high resolution satellite images[C] // IEEE International Geoscience and Remote Sensing Symposium (IGARSS). 2010: 40–43.

[208] BARKÓ G, HLAVAY J. Application of an artificial neural network (ANN) and piezoelectric chemical sensor array for identification of volatile organic compounds[J]. Talanta, 1997, 44(12): 2237–2245.

[209] ANFINSEN S N, JENSSEN R, ELTOFT T. Spectral clustering of polarimetric SAR data with Wishart-derived distance measures[C] // Proc. POLinSAR: Vol 7. 2007.

[210] CHEN S-W, SATO M. A NOVEL METHOD FOR POLARIMETRIC SAR IMAGE SPECKLE FILTERING AND EDGE DETECTION[J].

[211] DERIN H, ELLIOTT H. Modeling and segmentation of noisy and textured images using Gibbs random fields[J]. IEEE Transactions on Pattern Analysis and Machine Intelligence, 1987(1): 39–55.

[212] LEE J-S, CLOUDE S R, PAPATHANASSIOU K P, et al. Speckle filtering and coherence estimation of polarimetric SAR interferometry data for forest applications[J]. IEEE Transactions on Geoscience and Remote Sensing, 2003, 41(10): 2254–2263.

[213] TARABALKA Y, BENEDIKTSSON J A, CHANUSSOT J. Spectral-spatial Classification of Hyperspectral Imagery Based on Partitional Clustering Techniques[J]. IEEE Transactions on Geoscience Remote Sensing, 2009, 47(8): 2973–2987.

[214] JIANG Y, ZHANG X L, SHI J. Unsupervised Classification of Polarimetric SAR Images by EM Algorithm(Sensing)[J]. Ieice Transactions on Communications, 2007, 90(12): 3632–3642.

[215] HOEKMAN D H, VISSERS M A M, TRAN T N. Unsupervised Full-Polarimetric SAR Data Segmentation as a Tool for Classification of Agricultural Areas[J]. IEEE Journal of Selected Topics in Applied Earth Observations & Remote Sensing, 2011, 4(2): 402–411.

[216] CHOODARATHNAKARA A, KUMAR T A, KOLIWAD S, et al. Mixed Pixels: A Challenge in Remote Sensing Data Classification for Improving Performance[J]. International Journal of Advanced Research in Computer Engineering & Technology (IJARCET), 2012, 1(9): pp–261.

[217] DOULGERIS A P. An Automatic U-Distribution and Markov Random Field Segmentation Algorithm for PolSAR Images[J]. IEEE Transactions on Geoscience and Remote Sensing, 2015, 53(4): 1819−1827.

[218] WANG Z, BOVIK A C, SHEIKH H R, et al. Image quality assessment: from error visibility to structural similarity[J]. IEEE Transactions on Image Processing, 2004, 13(4): 600−612.

[219] PRATT W K. Digital image processing: PIKS inside[J], 2001.

[220] GONG M, ZHAO S, JIAO L, et al. A novel coarse-to-fine scheme for automatic image registration based on SIFT and mutual information[J]. IEEE Transactions on Geoscience and Remote Sensing, 2014, 52(7): 4328−4338.

[221] WONG A, CLAUSI D A. ARRSI: automatic registration of remote-sensing images[J]. IEEE Transactions on Geoscience and Remote Sensing, 2007, 45(5): 1483−1493.

[222] BENGIO Y. Learning deep architectures for AI[J]. Foundations and trends® in Machine Learning, 2009, 2(1): 1−127.

[223] BENGIO Y, COURVILLE A, VINCENT P. Representation learning: A review and new perspectives[J]. IEEE Transactions on Pattern Analysis and Machine Intelligence, 2013, 35(8): 1798−1828.

[224] VINCENT P. A connection between score matching and denoising autoencoders[J]. Neural computation, 2011, 23(7): 1661−1674.

[225] KRIZHEVSKY A, SUTSKEVER I, HINTON G E. Imagenet classification with deep convolutional neural networks[C] // Advances in neural information processing systems. 2012: 1097−1105.

[226] SALAKHUTDINOV R, HINTON G. An efficient learning procedure for deep Boltzmann machines[J]. Neural computation, 2012, 24(8): 1967−2006.

[227] YILDIRIM S, CEMGIL T A, AKTAR M, et al. A Bayesian deconvolution approach for receiver function analysis[J]. IEEE Transactions on Geoscience and Remote Sensing, 2010, 48(12): 4151−4163.

[228] LEE H, EKANADHAM C, NG A Y. Sparse deep belief net model for visual area V2[C] // Advances in neural information processing systems. 2008: 873−880.

[229] HYVÄRINEN A, HOYER P O. A two-layer sparse coding model learns simple and complex cell receptive fields and topography from natural images[J]. Vision research, 2001, 41(18): 2413−2423.

[230] ITO M, KOMATSU H. Representation of angles embedded within contour stimuli in area V2 of macaque monkeys[J]. The Journal of neuroscience, 2004, 24(13): 3313–3324.

[231] TIRILLY P, CLAVEAU V, GROS P. Language modeling for bag-of-visual words image categorization[C] // Proceedings of the 2008 international conference on Content-based image and video retrieval. 2008: 249–258.

[232] NING J, ZHANG L, ZHANG D, et al. Interactive image segmentation by maximal similarity based region merging[J]. Pattern Recognition, 2010, 43(2): 445–456.

[233] BEAULIEU J-M. Contour Criterion for Hierarchical Segmentation of SAR Images[C] // The 3rd Canadian Conference on Computer and Robot Vision. 2006: 29–29.

[234] DELLINGER F, DELON J, GOUSSEAU Y, et al. Sar-sift: A sift-like algorithm for sar images[J]. IEEE Transactions on Geoscience and Remote Sensing, 2015, 53(1): 453–466.

[235] JIAO L C, GONG M G, WANG S, et al. Natural and remote sensing image segmentation using memetic computing[J]. IEEE Computational Intelligence Magazine, 2010, 5(2): 78–91.

[236] LIN L, LIU X-B, PENG S-W, et al. Object categorization with sketch representation and generalized samples[J]. Pattern Recognition, 2012, 45(10): 3648–3660.

[237] LIN L, WU T-F, PORWAY J, et al. A stochastic graph grammar for compositional object representation and recognition[J]. Pattern Recognition, 2009, 42(7): 1297–1307.

[238] LIU Y, ZHOU S-S, CHEN Q-C. Discriminative deep belief networks for visual data classification[J]. Pattern Recognition, 2011, 44(10-11): 2287-2296.

[239] SHI C, LIU F, LI L, et al. Learning Interpolation via Regional Map for Pan-Sharpening[J]. IEEE Transactions on Geoscience and Remote Sensing, 2015, 53(6): 3417–3431.

[240] ZHAO Q, IP H H S. Unsupervised approximate-semantic vocabulary learning for human action and video classification[J]. Pattern Recognition Letters, 2013, 34(15): 1870–1878.

[241] LIU F, SHI J, JIAO L, et al. Hierarchical semantic model and scattering mechanism based PolSAR image classification[J]. Pattern Recognition, 2016, 59: 325–342.

彩 插

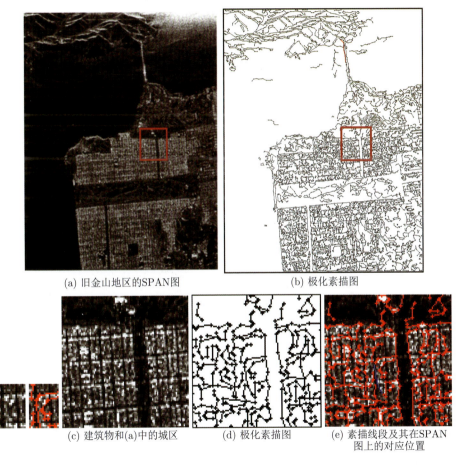

(a) 旧金山地区的SPAN图　　(b) 极化素描图

(c) 建筑物和(a)中的城区　　(d) 极化素描图　　(e) 素描线段及其在SPAN图上的对应位置

图 3.1　低分辨极化 SAR 图像聚集地物类型示例

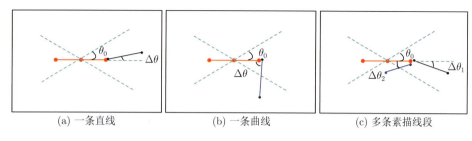

图 3.6 素描线连续性的三种情况

(a) 一条直线　　(b) 一条曲线　　(c) 多条素描线段

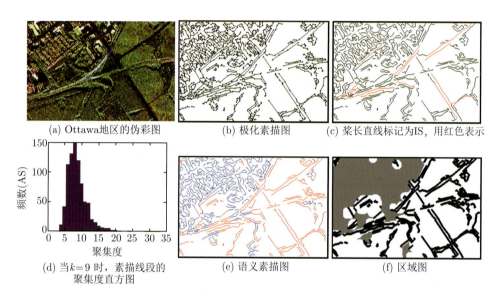

(a) Ottawa地区的伪彩图　　(b) 极化素描图　　(c) 桨长直线标记为IS，用红色表示

(d) 当$k=9$时，素描线段的聚集度直方图　　(e) 语义素描图　　(f) 区域图

图 3.7 长直线的标记过程及素描线段的标记过程

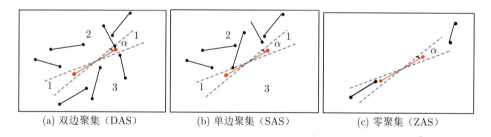

(a) 双边聚集（DAS）　　(b) 单边聚集（SAS）　　(c) 零聚集（ZAS）

图 3.8 素描线空间排列的三种情况

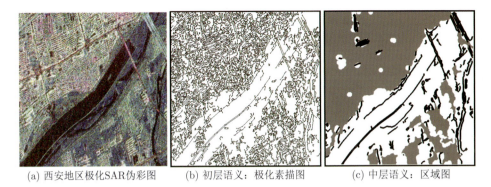

(a) 西安地区极化SAR伪彩图　　(b) 初层语义：极化素描图　　(c) 中层语义：区域图

图 3.11　RadarSAT-2 卫星 C 波段国内某地区极化 SAR 图像的层次语义模型

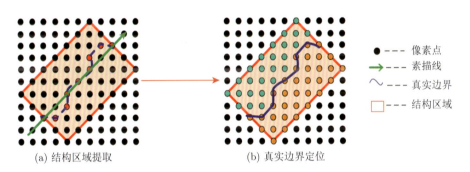

(a) 结构区域提取　　　　　　(b) 真实边界定位

图 4.3　边界定位过程

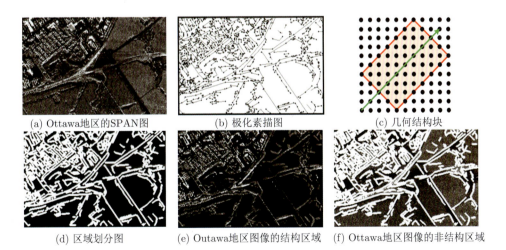

(a) Ottawa地区的SPAN图　　(b) 极化素描图　　　　　(c) 几何结构块

(d) 区域划分图　　(e) Outawa地区图像的结构区域　　(f) Ottawa地区图像的非结构区域

图 5.1　区域划分示例图

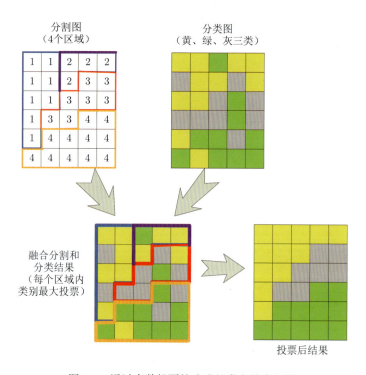

图 5.6 通过众数投票策略进行类合并流程图

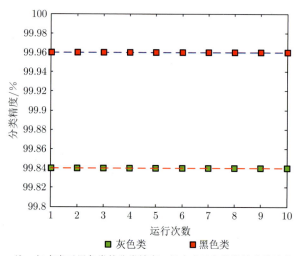

注：红点表示黑色类的分类精度，绿点表示灰色类的分类精度

图 5.8 在仿真极化 SAR 图像上运行 10 次的分类精度

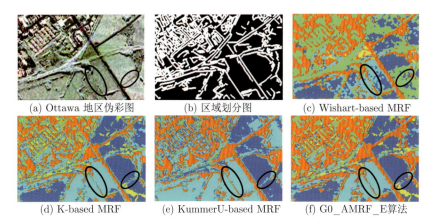

图 5.10 不同分布模型对 CONVAIR 卫星极化 SAR 图像的分类结果图

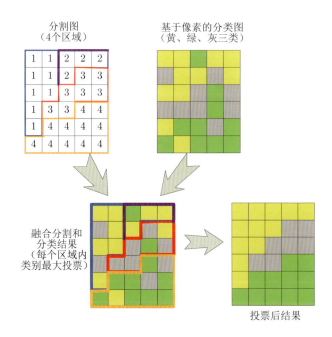

图 6.5 空间极化分类过程

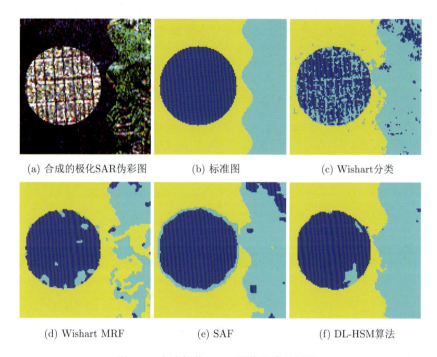

图 6.7 合成极化 SAR 图像分类结果图